热风和热泵干燥工艺
在广式腊肉加工中的应用研究

张雪娇　唐道邦　胡一鸿　金晨钟 ◎ 著

西南交通大学出版社

·成都·

内容简介

干燥是广式腊肉加工过程中的重要工序，对产品品质的影响最为关键。本书对比研究了广式腊肉在传统热风和新型热泵烘烤过程中风味化合物及各项理化指标的动态变化，初步探讨了这两种烘烤方式对广式腊肉风味及品质的影响机理，并在此基础上，建立了热泵干燥广式腊肉的数学模型，为实现广式腊肉在干燥过程中品质的可控可调提供理论基础。同时，本书从热力学第一定律和第二定律出发，从量与质的角度对干燥过程进行热力学分析，从理论上阐述热泵干燥的节能原理。

本书可作为肉制品加工生产企业技术人员、农业科技特派员和大中专院校食品专业师生的参考书。

图书在版编目（ＣＩＰ）数据

热风与热泵干燥工艺在广式腊肉加工中的应用研究／
张雪娇等著. —成都：西南交通大学出版社，2018.7
ISBN 978-7-5643-6270-6

Ⅰ. ①热… Ⅱ. ①张… Ⅲ. ①电热干燥 – 应用 – 腌肉
– 食品加工 – 研究 Ⅳ. ①TS251.5

中国版本图书馆 CIP 数据核字（2018）第 149212 号

| 热风与热泵干燥工艺
在广式腊肉加工中的应用研究 | 张雪娇
唐道邦
胡一鸿
金晨钟 | 著 | 责任编辑　张宝华
封面设计　何东琳设计工作室 |

印张　8　　字数　128千

成品尺寸　170 mm×230 mm

版次　2018年7月第1版

印次　2018年7月第1次

印刷　四川煤田地质制图印刷厂

书号　ISBN 978-7-5643-6270-6

出版发行　西南交通大学出版社

网址　http://www.xnjdcbs.com

地址　四川省成都市二环路北一段111号
　　　西南交通大学创新大厦21楼

邮政编码　610031

发行部电话　028-87600564　028-87600533

定价　48.00元

前　言

目前，广式腊肉加工生产企业多采用传统的隧道式热风烘烤工艺，产品质量不稳定，因此，实现广式腊肉干燥过程控制的自动化和标准化，以提高产品质量、降低劳动力成本和能耗，已成为亟待解决的技术问题。广式腊肉的干燥过程并不是简单地进行脱水，它涉及色泽、风味等多种影响产品品质的反应，因此，优化干燥工艺必须全面考虑脱水对产品品质的影响。近年来，国内对广式腊肉加工过程的研究主要集中在寻求新的腌制剂和发色剂、改良传统加工工艺、分析加工过程中理化指标的变化和脂肪抗氧化等方面，但对于广式腊肉干燥工艺对品质的影响、干燥模型等的研究较少。

在广式腊肉制作过程中，干燥工艺是影响其品质好坏的关键环节。目前，生产企业大多采用传统的隧道式热风干燥工艺，此工艺干燥效率低、能耗高、干燥不均匀、干燥工艺参数不易控制，在干燥过程中控温排湿需依赖操作人员经验，易造成产品质量不稳定，腊肉酸价、过氧化值容易超标。因此，探索新干燥方式以实现广式腊肉干燥过程的工程化和科学化对提升整个产业效益有重要的作用。

本书对 8 种品牌市售广式腊肉进行了理化分析，阐明了广式腊肉品质的影响因素，以便为制订广式腊肉贮藏措施和改进传统加工工艺提供理论依据；应用热风和热泵两种干燥方式分别制作广式腊肉，监测广式腊肉在烘烤过程中的变化情况，初步探究广式腊肉挥发性风味的形成机理及质量关键控制点；建立了广式腊肉热泵干燥的数学模型，以便为改进广式腊肉加工工艺、提高干燥加工过程中水分控制的科学化、实现计算机模拟广式腊肉干燥过程、实现工艺自动化等提供理论依据。

湖南省农田杂草防控技术与应用协同创新中心、湖南省农学与生物科学类专业校企合作人才培养示范基地、湖南省现代农业与生物工程虚拟仿真实验教学中心、农药学湖南省重点学科、农药无害化应用湖南省高校重点实验室、湖南省教育厅科学研究项目（17B139）、湖南省科技计划项目（2016NK3090，2016NK3093）、湖南人文科技学院校企合作人才培养及社会服务项目（7411620）、湖南人文科技学院优秀学术专著出版项目联合资助。

试验期间，我们得到了广东省农业科学院蚕业与农产品加工研究所广大科研人员的大力支持，特此表示感谢！

　　鉴于作者水平，书中难免存在不妥之处，恳请广大读者批评指正。

张雪娇

2018 年 1 月于湖南娄底

目　录

1 综 述

1.1 广式腊肉概述

1.1.1 腊肉起源和特点

在我国南方，腊肉是冬季长期贮藏的腌肉制品，它是将原料肉（一般是猪肉）用食盐、硝酸盐或亚硝酸盐、糖和调味香料等腌制后，再经晾晒或烘烤、烟熏处理等工艺加工而成的生肉类制品（周光弘，2002），具有色泽美观、风味浓郁、干爽易存的特点。由于其加工制作大多在腊月间进行，因此称为腊肉。长期以来，腊肉一直是我国主要的传统肉制品之一，很受消费者喜爱。腊肉的品种很多，选用鲜猪肉的不同部位可以制成各种不同品种的腊肉。我国腊肉产地主要分布在长江流域以南数省，如广东、湖南、湖北、四川、云南、贵州、江西、浙江、江苏等地（郭锡铎，2005）。不同的腊肉品种，其风味也各具特色。广式腊肉的特点是选料严格，制作精细，色泽美观，肉质细嫩，甘甜爽口；湖南腊肉肉质透明，皮呈酱紫色，肥肉亮黄，瘦肉棕红；四川腊肉的特点是色泽鲜明，皮肉红黄，肥膘透明或乳白，腊香带咸，腊味醇厚。

腊肉在我国具有悠久的加工和食用历史，我国劳动人民在实际生产和生活中已积累起丰富的腊肉加工经验。魏、晋、南北朝时期，许多专家著书立说，这些著作中就记载了我国许多富有民族特色的制作技艺，如新疆的烤肉、涮肉，江苏的叉烧、腊味，福建、广东的烤鹅、灌肠、糟肉，等等（郭红蕾等，2005）。北魏贾思勰所著的《齐民要术》中记载，公元六世纪之前，黄河流域已普遍制作五味腊肉。隋代谢讽所著的《食经》、唐朝韦巨源所著的《食谱》均记载了腊肉的制作方法及改进工艺，其风味甜中带辣，慢慢咀嚼，回味无穷，为佐酒佳肴。宋、辽、金、元时代，由于各民族的大融和，研究饮食的人数增多，从而推动了肉食品技术的发展，这个时期人们总结了不少腊肉，如金华火腿等的制作方法。明清时期的肉制品，集我国几千年制作技艺的发展成果，形成了独具风格的中国肉制品的特点，袁枚所著的《隋园食单》一书，对当时民间肉类的腊制、干制、烧制等加工方法进行了较为系统的阐述，是我国食品加工制作鼎盛时期的经验总结。

1.1.2　广式腊肉生产现状及不足

中华人民共和国成立以后，我国腌腊肉制品加工业得到了迅速发展，设备和加工能力得到了改造和提升，产品质量得到了极大改善。中国肉类协会资料显示，2004 年我国各类腌腊肉制品产量达 200 余万吨，销售收入为 400 多亿元，占我国肉制品总产量的三分之一（周光宏等，2003）。

在我国腊味肉制品中，以广式腊味、湖南腊味、四川腊味的消费市场最大，其中广式腊味占全国腊味市场的 50%～60%（蒋爱民，1996），广式腊味在广东的市场比例更是高达 80% 左右。据不完全统计，广东省腊味生产企业上千家，年产值 100 余亿人民币，在广东省食品工业产值内占有相当大的比重（郭锡铎，2005）。

在我国，广式腊肉属于传统肉制品，但一直以来由于对广式腊肉缺乏系统的理论研究，致使工业化生产难度大，产品种类始终比较单一；由于广式腊肉的加工多为手工作坊式加工，缺乏必要的生产条件、企业标准和管理制度，导致生产周期长，生产过程控制多凭经验，生产条件难以精确控制，致使每批产品的品质很难保持一致，也很难符合标准的要求，即很难把控产品的质量；在广式腊肉制作中，干燥工艺最为关键，讲究"三分制作，七分烘烤"，目前，生产企业大多采用传统的隧道式热风干燥工艺，此工艺干燥效率低、能耗高、干燥不均匀、干燥工艺参数不易控制、产品质量不稳定；广式腊肉酸价、过氧化值容易超标，造成储藏期短，极大地限制了广式腊肉的市场推广，使其只能局限于本地区销售，并且多在秋冬两季才有生产，而春夏两季由于温暖、潮湿，一般极少生产，产量受到了很大限制；广式腊肉中食盐和蔗糖含量较高，习惯上使用硝酸盐或亚硝酸盐进行防腐、护色及抑制肉中肉毒梭菌的生长，使产品存在健康安全隐患，不符合现代食品消费发展的潮流，无疑会影响其生产数量和市场竞争力。

1.1.3 广式腊肉国内外研究进展

在国内，我们将经过烟熏或烘烤的肉称为腊肉；在国外，同样也有烟熏肉制品，其加工原理和中国的腊肉生产有许多相同之处，称之为烟熏肉。目前，国内外对于腊肉（烟熏肉）的研究主要集中于以下几个方面：第一，腊肉加工过程中脂肪变化情况的研究。傅樱花等（2004；2006）对腊肉加工过程中脂肪分解及氧化、游离脂肪酸的变化情况进行了研究；芮昕等（2009）对腊肉生产过程中皮下脂肪的游离脂肪酸的含量情况和组成进行了分析；白卫东等（2010）对广式腊味在储存过程中酸价和过氧化值的变化情况进行了研究，发现酸价和过氧化值在评价广式腊味脂肪的氧化程度上并不一致。第二，提高腊肉的抗氧化能力，延长产品货架期的研究。李春荣等（2007）研究发现，TBHQ（特丁基对苯二酚）具有较好的抗氧化性能，能有效抑制腊肉中过氧化值的升高，但对酸价的抑制作用不大。梁丽敏等（2007）以酸价和过氧化值为测评指标，对 3 种不同包装材料对广式腊肉的储藏保鲜效果进行了研究。彭雪萍等（2007）研究发现，苹果多酚与 BHT（二丁基羟基甲苯）复配液对腊肉的抗氧化效果明显，使腊肉保鲜期延长 1个月。StephanieA.Corondoa 等人（2002）通过研究发现，液体烟熏剂与木材烟熏结合使用比单独使用木材烟熏来抑制烟熏肉的氧化作用明显。第三，腊肉风味物质成分分析及风味改善研究。许鹏丽等（2009）采用固相微萃取、气象色谱-质谱联用技术分析了广式腊肉、广式腊肠的挥发性风味物质，并对风味提取物质进行了鉴定。Yu 等人（2008）采用 SPME-GC/MS 技术对我国传统腊肉中的风味物质成分进行研究，共鉴定出 48 种挥发性物质。第四，降低腊肉食盐及硝酸盐或亚硝酸盐含量，进一步改进腊肉风味和安全的研究。传统腊肉制品含盐量一般在 4%～5%，属于高盐肉制品，食用时偏咸。高盐的目的主要是抑制微生物生长，防止腐败变质，但偏高的盐分导致腊肉的口感差，而添加硝酸盐或亚硝酸盐是为了发色和抑制肉毒梭状杆菌的生长，但会产生亚硝类致癌物质。高盐、高硝食品明显不符合现代食品的发展方向，因此，如何在保证腊肉品质和风味的同时，降低腊肉盐分和亚硝类物质将是腊肉研究的一个新热点。刘洋等（2005）对低盐腊肉在加工过程中的菌相变化进行了初步研究。冯彩萍等（2007）等对活性氧催促低盐腊肉的成熟进行了初步研究。在法兰克福香肠中添加烟熏剂可降低亚硝酸盐含量（Pérez-Rodríguez et al，1998）。第五，传统腊肉的现代化生产的研究。包括应用现代化的生产手段和技术开发腊肉的新品种，使腊肉产品标准化和食用方便化等方面的研究。

1.2 广式腊肉风味的形成

1.2.1 肉的风味

肉的风味又称肉的味质，指的是生鲜肉的气味（咸味、金属味、血腥味）及加热后食肉制品的香气和滋味。它是肉中固有成分发生复杂的生物化学变化，从而产生各种有机物所致。

肉的风味物质比较复杂，几乎涵盖了大多数的有机化合物，如碳氢化合物、醇、醛、酮、羧酸、酯、醚、呋喃、吡啶、吡嗪、吡咯、噻唑、噻吩以及其他含硫化合物（高尧来等，2004）。在这些物质中最重要的呈味性物质是呋喃、噻唑、吡嗪、吡咯、吡喃酮等含氮、氧、硫的杂环化合物以及含有羰基的挥发性物质。Ouweland 等（1975）发现，天然牛肉香味中鉴定出来的低分子量挥发性物质都可以从美拉德反应中找到原型，其中吡嗪衍生物占 50%，并在所有品种的熟肉中都发现有吡嗪。Bailey 等（1989）从牛肉的低分子量渗出物的加热系统中也鉴别出 37 种吡嗪。含硫杂环化合物是另一类重要的呈味物质。Macleod（1984）研究了很多挥发性化合物，其中具有肉香味的化合物大多数含有硫。她所列举的 78 种具有类似肉香味的化合物中，其中杂环含硫化合物有 65 种，脂肪族含硫化合物有 7 种，不含硫的杂环物质有 6 种。

1.2.2 广式腊肉的风味形成影响因素

对腌制风味形成的过程和风味物质的性质的研究目前尚没有一致结论，一般认为这种风味是在组织酶、微生物酶的作用下，由蛋白质、浸出物和脂肪变化的混合物形成。在腌制过程中发现有羰基化合物的积聚，而且随着这些物质含量的增加，风味也有所改善，因此，腌肉中少量羰基化合物使其气味部分地有别于非腌肉。据报道，腌肉在贮藏过程中游离脂肪酸总量几乎呈直线上升，但腌肉在腌料存在的情况下所发生的脂肪氧化与鲜肉中常发生的脂肪酸败不同（孟岳成，1990）。

腌肉在腌制过程中加入的亚硝酸盐也参与其风味的形成，但与风味有关的化学变化还不完全清楚。有研究以腌火腿和鲜火腿为材料，对风味的挥发性成分进行了分离，发现两者在数量上存在着差异。研究还发现，无论是来自腌火腿还是非腌火腿，其成分在通过 2,4-二硝基苯腙后，仍然具有腌肉的气味，类似的是腌制或非腌制的鸡肉和牛肉也都有类似腌火腿的气味。据此得出结论：基本的肉香味并不取决于来自其前体物质甘油三酯的不同，而是取决于脂肪氧化产生的羰基类化合物的不同。他们认为，亚硝酸盐的存在导致风味的不同是由于它干扰了不饱和脂肪酸的氧化，可能使血红素催化剂失活（孟岳成，1990）。

Swain（1972）对熟火腿的挥发性成分进行了详细研究，发现腌火腿用亚硝酸盐或不用亚硝酸盐处理，挥发性成分的含量不同，而基本成分是一致的，即亚硝即酸盐似乎有阻碍高分子醛（$>C_5$）形成的作用。

Mottram（1974）分析了湿腌培根的挥发性成分，表明保留时间在 4～70 min 有 40 几个峰，有许多峰非常复杂而且不仅仅代表一种物质，即腌肉和非腌肉在挥发性成分上的差异并不显著。

另外，盐水浓度也会影响风味的形成，用低浓度盐水腌制的猪肉制品风味比用高浓度盐水腌制的效果好。

1.2.3　广式腊肉风味的来源及形成途径

食品风味的形成与其存在较多的挥发性风味物质、非挥发性的前体物质及增效剂等因素有关。尽管鲜肉只有轻微的血腥味，但是其中蕴含着丰富的风味前体物质和风味增强剂。

肉中的挥发性风味物质主要来源于碳水化合物、脂质和蛋白质等风味前体物质。脂质的降解、氧化可以形成大量的挥发性风味物质；还原糖与氨基酸、肽可以发生美拉德反应形成一些风味物质。腌腊肉制品存在许多风味前体物质。脂质是芳香族风味化合物（醛、酮、醇）的前体物质（Alford et al，1971；Demeyer et al，1974），腌腊肉制品的主要组分——蛋白质，在加工过程中可降解成大量游离氨基酸等物质（Langner et al，1970），这些物质可转化成许多具有芳香风味的化合物。另外，其他比较重要的风味来源于加工过程中所加入的香辛料和调味品，这些风味化合物一方面赋予产品风味，另一方面由于其具有抗氧化性，可部分抑制产品的脂质氧化（Hammer，1977）。

1.2.3.1 脂质的水解氧化对腌腊肉制品风味的作用

脂质占腌腊肉制品成分的 25%～55%，脂质降解产生的挥发性物质是形成肉制品风味的重要基础。研究表明，火腿风味成分中的醇、酮、烃类物质和直链醛主要是脂肪氧化产生的，约 60%以上的挥发性风味物质来自脂肪氧化（章建浩等，2003）。

脂肪水解是腌腊肉制品的重要变化之一，在高温、酸、碱环境或微生物解脂酶的作用下，甘油三酯裂解为甘油二酯、单甘酯和游离脂肪酸（酸价升高）。在通常的肉制品中，pH 值的高低都不足以导致脂肪的酸碱水解，脂肪的水解主要脂肪酶引起，这些酶主要包括脂酶和磷脂酶。

温度、水分活度、盐含量等对脂酶的活性影响很大，从而影响脂类的水解和氧化，并进一步影响腊肠的风味（蔡华珍，2006）。温度通过影响脂酶的活性而影响脂类分解，有研究指出，脂酶作用的适宜温度为 30～60 ℃（傅樱花等，2004）。另外，温度也通过影响三酰甘油的物理状态进而影响脂肪的水解；有研究指出，随着水分活度的不断降低，除了酸性脂酶和中性酯酶不受影响外，其他酶的活性也随之降低（Toldra，1998）；中性脂酶和碱性酯酶能被盐抑制，而酸性脂酶则被低浓度食盐激活（Andres et al，2005）。竺尚武（2003）在研究金华火腿时也发现过高的盐分可能抑制相关的酶的活性。

游离脂肪酸的不断氧化致使氧化产物不断积累，当其积累到一定程度时会使腌腊制品产生令人不愉快的"哈败味"。脂肪的氧化与脂肪酸的不饱和程度密切相关，其氧化过程分为自动氧化和酶氧化两种途径。

在脂质氧化产生的风味物质中，羰基化合物是形成腌腊肉制品良好风味的最为重要的一类物质，其含量比例也较大（Berdagué et al，1993）。醛类物质对肉制品风味具有重要贡献。许多具有较低阈值的醛类化合物，其含量即使低也可产生较强的风味。饱和醛类可增强风味，而 2-位的烯醛和

2,4-位的二烯醛可赋予食品甜香、果香和酯香。

短链醛类（甲醛、乙醛、丙醛）可能来源于碳水化合物的代谢过程，对腌腊肉制品风味的作用不大（Halvarson，1973）。高分子量的饱和醛和不饱和醛均来源于脂质氧化，由多不饱和脂肪酸产生的过氧化物分解而产生（Shahidi，1986）。

腌腊肉制品中也鉴定出许多酮类物质（Berdagué et al，1993）。在已经鉴定出的酮类物质中，具有奇数和偶数碳原子的甲基酮在腌腊肉制品中均鉴定出（从丙酮到 2-壬酮）（Shahidi，1986），这些都来自脂质的氧化（Berdagué et al，1993）和霉菌引起的游离脂肪酸的 β 氧化（Kinsella et al，1976）。另外，3-羟基-2-丁酮是乳酸菌发酵糖类物质所产生的，在熟肉制品中，可以赋予产品奶油香气（Hirai et al，1973）。

醇类物质也是脂质氧化产生的主要物质之一（Shahidi，1986）。乙醇脱氢酶可以将来源于脂质氧化的醛类还原成相应的醇类物质。通常，初级无支链醇类可以赋予食品青草香与木香（García et al，1991）；而次级醇类，如 1-戊烯-3-醇会赋予食品强烈的青草香，1-辛烯-3-醇则会赋予食品蘑菇香。次级醇可以通过某些微生物的 β 氧化途径而转化成相应的 β 酮酸，β 酮酸也可以通过脱羧反应再次转化成相应的次级醇；支链醇，如甲基丙醇、2,3-二甲基丁醇则是通过相应支链氨基酸转化而来（Mac Leod et al，1958），这些物质均具有较好的挥发性。在干腌香肠和干腌火腿中检测到的乙醇，还来源于其他途径，如糖类物质的发酵、脂质氧化和氨基酸转化（Berdagué et al，1993）。

在干腌香肠（Berdagué et al，1993）和干腌火腿中（Berdague et al，1991）也鉴定出了许多烷烃类化合物。直链烷烃来源于脂质的自动氧化。干腌火腿（Mac Leod et al，1958）和干腌香肠（Berdagué et al，1993）中也有大量支链烷烃，在鲜肉中可偶尔检测出（Shahidi，1986）；支链烷烃是由于支链脂肪酸的氧化而生成，或者由于植物中未皂化部分被用作动物饲料而导致的（Rembold et al，1989）。芳香族烷烃，比如，甲苯、乙苯、1,2,4-三甲基苯、二甲苯等也在干腌香肠和干腌火腿中被检测到（Berdague et al，1991；Berdagué et al，1993），甲苯是由苯丙氨酸衍生而来，1,2-二甲基苯（邻二甲苯）可能由类固醇或者 3-甲基吲哚衍生而来；因为这两种化合物也存在于一些植物当中，所以可能来源于动物饲料（Buscailhon et al，1993）。动物饲料还可能是其他芳香族烷烃的来源之一，如 1,3-二甲基苯（间二甲苯）

和 1,4-二甲基苯（对二甲苯），这些化合物都可以蓄积于动物脂肪组织中，其在鲜肉、猪背脂肪和腌腊肉制品中均检测到（Barbieri et al, 1992；Berdagué et al, 1993）。Shahidi（1986）认为，无论是饱和烷烃还是非饱和烷烃，对食品风味的形成贡献均较小。

1.2.3.2 蛋白质降解在腌腊肉制品风味形成中的作用

蛋白质水解形成肽、游离氨基酸，并且会发生进一步的变化，对腊肉滋味和风味的形成产生了重要的影响。有研究表明，蛋白质降解指数（PI）在 23%～28% 时风味最好，低于 22% 时不会产生火腿应有的香味（郇延军等，2003），而超常的蛋白质水解（水解指数高于 29%～30%）对风味无益，还导致质地变差，这种无节制的蛋白质水解会产生高浓度的低分子量含氮化合物（肽和游离氨基酸），增大不愉快的滋味（苦味和金属味）（Toldrá et al, 2000）。

导致蛋白质水解的酶类很多，主要是组织蛋白酶及钙激活蛋白酶，水解后形成的氨基酸和肽是腌腊肉制品非蛋白态氮的主要组成部分，主要影响产品的滋味和质构特性。氨基酸和肽有四种基本味感：甜、咸、酸、苦，除此之外鲜味也被认为是一种基本味觉。游离氨基酸可以通过一系列化学反应（斯特勒克（Strecker）降解和美拉德反应等）转化成不同的影响食品风味的化合物，如胺、酮酸、有机酸和氨等。

蛋白质降解主要受到温度、pH 值、盐分含量、硝酸盐和亚硝酸盐含量的影响。在香肠的加工过程中，温度始终影响着游离氨基酸的释放。Waade（1997）用木糖葡萄球菌进行香肠发酵时发现，温度对游离氨基酸的水平影响最重要；Waade（1997）等研究表明，随着盐分含量的增加，肌原纤维蛋白质和肌浆蛋白质的降解作用减小，研究还发现，盐能抑制组织蛋白酶的活性，不同的盐浓度对组织蛋白酶活性的影响不同；硝酸盐一方面能够抑制具有蛋白质降解活性的微生物的生长，另一方面又能促进游离氨基酸的降解，从而降低游离氨基酸的水平（王艳梅等，2004）。

1.2.3.3 美拉德反应在腌腊肉制品风味形成中的作用

美拉德反应（Maillard Reaction）是食品色泽和风味的主要来源。肉中的还原糖（主要是葡萄糖和核糖）与氨基酸、肽、蛋白质在常温或加热时发生美拉德反应，生成很多风味化合物，如酮、醛、呋喃、吡嗪、醇类等，赋予食品良好的风味。另外，美拉德反应的中间产物中有一些二羰基化合物，可进一步和脂质以及硫胺素的降解产物反应，生成具有肉香味的化合物（高尧来等，2004）。

影响美拉德反应的因素主要有 pH 值、温度、反应时间、水分活度等（Waller，1986；Fujimaki，1986）。pH 值在 3 以上时，美拉德反应一般随 pH 值的升高而加剧，且呈酸性时羰氨缩合产物很容易水解；温度越高，褐变速度越快，且在较高温度的条件下进行美拉德反应，有利于低分子量杂环化合物的形成；当水分活度为 0.3 ~ 0.7 时，美拉德反应的速度较快，反之，反应速度则较慢。

1.2.3.4　香辛料在腌腊肉制品风味形成中的作用

香辛料被广泛用于广式腊肉的生产，用量一般在 0.5% ~ 2%。肉制品所使用的香辛料有许多种类，如果实类（花椒、胡椒、辣椒、孜然、芫荽等）、种子类（芥末、肉豆蔻等）、花（丁香、藏红花等）、叶（香叶、牛至、迷迭香、百里香等）、茎（蒜、洋葱等）、桂皮等。香辛料是广式腊肉生产中主要的添加物之一，它可以赋予产品特殊风味。在广式腊肉的制作过程中，香辛料的添加形式多样，可以是自然形式（整体、粉状、粗制品）也可以是提取物（精油和油树脂等）形式。

1.2.3.5　硫胺素降解作用

硫胺素是一个含硫、氮的双环化合物，受热时降解会产生一系列有强烈香味的含硫、氮化合物。已鉴定的硫胺素分解产物有 68 种，其中一半以上是含硫化合物、硫取代呋喃、噻吩、噻唑、双环化合物和脂环化合物，且多数具有诱人的肉香味（向智男等，2004）。目前，硫胺素已经成为各种肉模型体系中的重要物质，Werkhott 等（1990）的肉模型体系由硫胺素、胱氨酸、谷氨酸盐、抗坏血酸和水组成，在 pH 值为 5、120 ℃ 的条件下，反应 0.5 h，得到了 70 种含硫化合物，其中 19 种具有良好的肉香味。

1.2.3.6　各物质及其反应间的相互作用

由脂质降解生成的化合物可能与氨基酸或美拉德反应的中间产物进行后续反应，生成风味化合物，它们对肉的整体芳香气味有贡献。一些长链的烷基取代的杂环化合物已经在肉的风味中被鉴定出来，这些化合物可能来自脂质降解的醛与由美拉德反应生成的杂环化合物之间的反应。

醇类、酮类、内酯类、呋喃类化合物对肉味香气形成的影响不如挥发性醛类显著，但在肉类整体风味的形成中也有关键的贡献（沈晓玲等，2008）。这些物质单独存在时，一般不呈与肉类和脂肪相关的气味，但是上述物质在肉品整体香气的形成中却起到微妙的作用。例如，$C_4 \sim C_6$ 的支链醇具有近似麻醉性的气味，$C_7 \sim C_{10}$ 的醇则显芳香，挥发性较高的不饱和醇具有特别的芳香。来自花生四烯酸氧化的 1-辛烯-3-醇则具有蘑菇的香气，且在猪肉中含量较高，对风味有重要的贡献。$C_7 \sim C_{12}$ 酮是某些天然物质中的香气成分，庚酮具有香蕉气味，辛酮具有青苹果的气味。多不饱和脂肪酸的氧化降解产物中，烷基呋喃的含量较高，尤其是来自 n-3 系列的多不饱和脂肪酸的 2-(2-戊烯基)-呋喃的含量较高，但是，烷基呋喃类化合物的阈值较高，因此对肉类风味的贡献不如其他几种脂肪降解产物明显。

1.2.4　腌腊肉制品风味研究进展

在腌腊肉制品的加工过程中发生的生物化学变化决定了最终产品的风味。腌腊肉制品加工过程中乳酸菌降解糖类物质及其形成的酸化、微球菌降解硝酸盐和亚硝酸盐已经被广泛研究。近年来，加工过程中的脂质降解和蛋白降解也被深入研究，但是这些生物化学变化对风味形成的影响及其与风味物质的相互作用至今尚未明晰。

腌腊肉制品的典型风味不仅取决于挥发性风味物质本身，而且还取决于挥发性风味物质与产品中其他组分的比例及其之间的相互作用。同时，微生物的生长以及内源酶的作用也无疑对一些挥发性香气成分有着重要贡献。脂质的自动氧化反应也是风味物质形成的一个重要途径。前人的研究大都集中在甘油酯降解成游离脂肪酸、单甘酯和甘油二酯及加工过程中羰基化合物的变化，羰基化合物具有的较低阈值对产品风味的重要影响等方面。蛋白质的降解产物，如一些小分子的肽和氨基酸，也被广泛研究。微生物对蛋白质和脂类物质进行作用及其降解产物相互之间的化学反应都会产生各类风味物质。

郭昕等人（2014）利用电子鼻和固相微萃取气相色谱-质谱联用技术研

究了湖南腊肉、四川腊肉和广式腊肉三种类型腊肉挥发性风味成分的差异性。在腊肉中分别检测出了 32 种、38 种和 42 种挥发性风味成分，包括碳氢类、醇类、醛类、酮类、酯类和呋喃类化合物；三类腊肉被鉴定出的共有成分仅包括十一烷、十二烷、十四烷和植烷 4 种挥发性成分。四川腊肉和湖南腊肉被鉴定出的共有成分包括 2-甲基苯酚、愈创木酚、4-乙基愈创木酚、5-甲基愈创木酚、康醇等 25 种挥发性成分；而在广式腊肉中鉴定出了大部分的醇类、醛类和酯类化合物。腊肉这类肉制品风味的形成离不开其基本成分，如蛋白质、脂肪和碳水化合物等自身的变化以及成分及其产物间的相互作用。肉类制品中基本成分的物化转变途径有相似之处，所以，虽然国内外专门针对广式腊肉风味形成的研究并不是很多很深入，但是借助于已被较为深入研究的火腿和香肠等肉制品风味形成的研究结果，可以为广式腊肉风味的研究提供很有价值的科学参考。

影响腊肉风味的因素有很多，内因主要是源于原配料中的物质成分，而外因主要是选择的加工和贮藏条件。据国内外文献报道（Shahidi F，2001），由加热而产生的可导致肉类风味的基本反应包括糖和氨基酸或肽类的相互作用、脂质的热降解、碳水化合物的焦糖化以及核糖核苷酸和硫铵素等的降解。这些复杂排列的反应被次级反应的总体寄主作用而变得更为复杂化，该次级反应可以在初级反应的产物间发生，从而产生大量的能对肉类风味起作用的挥发性化合物。所以内因外因的共同作用直接影响到腊肉风味的形成与变化。

关于腌制，腌制时间、温度、是否均匀，辅料的品种、数量的准确程度，也都直接影响到腊肉的品质和风味。但就传统的广式腊肉加工工艺来看，对风味形成的关键环节是烘烤与干燥，其中温度和时间是很重要的技术参数。

1.3　广式腊肉热泵干燥及其数学模型建立

1.3.1　热泵干燥技术在食品工业中的应用进展

早在 19 世纪初，N. Carnot 和 L. Kelvin 就对热泵进行了研究并提出了热泵的理论基础（蔡正云等，2007）。随着能源危机的出现以及热泵技术本身的改进和完善，热泵技术在西方发达国家普遍得到了飞速发展，并广泛应用于建筑、取暖、制冷和其他工业生产中。我国对热泵技术的研究较晚，近年来由于能源的供需矛盾十分突出，使得对节能的需求越来越迫切，也促使了热泵技术在工业中的广泛应用，而且有部分在食品工业中得到了应用，并取得了显著成效。因此，开展低耗能、环境友好、保证产品数量和品质的干燥新方法、新产品的研究，对于建设节约型社会具有十分重要的意义。热泵干燥具有热效率高、节约能源、干燥温度低、脱水效率高、干燥条件可调节范围宽和卫生安全等特点，尤其适合于营养丰富、热敏性的农副产品和水产品的干燥，具有广阔的应用前景（徐涛等，2010）。近年来，对热泵干燥理论及其应用、热泵和其他干燥方法联合应用、新型热泵干燥装置等的研究成为干燥研究的重点方向。

1.3.2 热泵技术在食品工业中应用的特点

1.3.2.1 高效节能

由于热泵干燥装置中加热空气的热量主要来自回收干燥室排出的低温湿空气中所含的显热和潜热，需要输入的能量只有热泵压缩机的耗功，因而热泵具有消耗少量功即可制取大量热量的优势，即将 1 份电能转化为 3～4 份热能。热泵的 COP 值受低温热源与干燥温度的温差影响明显，温差越小，COP 值越高。食品低温热泵干燥装置常以干燥器排出的焓值较高的温湿空气作为低温热源，能得到较高 COP 值（一般可以达到 3.0 以上），节能幅度达 30% 以上，综合干燥成本可降低 10%～30%，投资回收期为 0.5～2 年。热泵运行可同时制热、制冷，而食品加工也经常是冷热同时需要。如热源作干燥加热的同时，冷源可以作原料低温贮存降温、车间降温或提供冷水供生产使用。其节能效果更加明显，COP 值可达到 6.0 以上（索申敬，2009）。

1.3.2.2 干燥成品质量易控制

食品多属热敏感材料，干燥的时间、温度、湿度对干燥质量影响较大。使用热泵干燥装置与常规自然风干及使用电加热锅炉加热的热风干燥相比，可明显改善干燥质量：① 热泵干燥装置可对干燥空气进行除湿，降低干燥温度、湿度，缩短干燥时间，既提高产品质量又提高生产效率。若采用封闭循环方式，可防止外界空气的污染；可采用惰性介质如氦气、氮气、二氧化碳代替空气作为干燥介质，实现无氧干燥；可回收易挥发成分。② 热泵干燥装置可实现恒温调湿干燥，避免采用常规干燥因气候、天气影响及干燥湿度不受控制而影响干燥质量。③ 热泵干燥的温度调节范围在 -20 ~ 100 ℃（加辅助加热装置），相对湿度调节范围在 15% ~ 80%，能够对多种物料进行干燥加工，尤其为热敏性食品物料提供了一种低成本、高效的干燥方法。④ 热泵干燥易采用较先进的控制元件与装置，实现干燥质量的适时控制，自动化程度高，可降低操作成本，提高制品品质。

1.3.2.3 环境友好

食品干燥使用的热泵技术是利用清洁能源（电源）及低温可生产能源（环境空气、地下水），属于节能型及环境友好型技术；由于属低温干燥，干燥温度多在 40 ~ 70 ℃，热泵多选用新型绿色制冷剂 R134a 作为工质，其 ODP 值（臭氧消耗潜能值）为 0，GWP 值（全球变暖潜能值）为 1300（R11GWP 值 4600），在《蒙特利尔议定书》上没有限制使用（蔡正云等，2007）；热泵干燥装置可对加热空气进行除湿，按封闭循环方式进行干燥，没有物料粉尘、挥发性物质及异味随干燥废气向环境排放而带来的污染；干燥室排气中的余热直接被热泵回收用来加热干燥介质，没有机组对环境的热污染。

1.3.3 热泵干燥技术在食品加工中的应用现状

1.3.3.1 农产品干燥方面

农副产品富含水分、糖、蛋白质和维生素等营养物质，在贮藏、运输、销售和加工前都须进行干燥处理。热泵干燥技术因其具有独特的干燥原理、高效节能、除湿快且是低温干燥，能够良好地保持物料的品质而逐渐应用到农副产品的干燥领域。

目前，国内用热泵干燥机分别对玉米、大豆、稻谷种子进行干燥试验研究，结果表明：热泵干燥技术是一种很适合各种子干燥加工的技术，它不仅能够保持种子的品质，而且与日晒相比还可使种子发芽率得到一定程度的提高。马一太（2004）和杨昭等（2008）采用热泵干燥技术干燥白菜种子，认为热泵干燥是一种良好的种子干燥技术，白菜种子的干燥温度不宜超过 40 ℃。

热泵干燥脱水蔬菜生产工艺，所需用的时间最长不会超过 8 h，一般从预热到出产品 4 h 即可完成。用热泵干燥工艺生产的蔬菜，产品色泽较好，内在品质稳定，无 SO_2 等有害残留物质（吕金虎等，2010）。徐刚等（2007）采用热泵干燥和热风干燥对青椒进行了对比试验，对比结果表明，无论是色泽外观还是营养成分保存率、复水性和能耗成本，热泵干燥都优于热风干燥。邹宇晓等（2007）对南瓜进行了热风干燥、热泵干燥和真空微波干燥的比较试验，试验结果表明：采用热风干燥不利于南瓜类胡萝卜素的保存，热泵干燥温度为 50 ℃ 时获得的南瓜干品中类胡萝卜素的含量与采用真空微波干燥所获得的含量接近。李媛媛等（2008）针对油豆角采用热泵干燥的干燥特性进行了研究，得出的理想干燥工艺参数为：干燥温度 32 ℃，干燥时间 19 h，油豆角宽度 8 mm，复水适宜温度为 60 ℃，复水时间为 80 min。张海红等（2009）在优化利用自制热泵干燥设备干燥苹果片的工艺参数的试验中得出最优工艺组合为：干燥介质温度为 30 ℃，装料量为 15 kg/m²，切片厚度为 3、4 或 5 mm；干燥效率由热风干燥的 30%～50%提高到现在的 80%～90%，节能效果显著。另外，以甘蓝为原料，进行单因素试验，探讨了干燥介质温度、风速、装料量对蔬菜干燥速率及能耗的影响；采用 2 次正交旋转组合试验，建立了干燥工艺参数回归数学模型；通过约束复合形法，找出了热泵干燥最佳工艺参数组合：介质温度为 60 ℃，风速 1.95 m/min，装料量 3.6 kg/m²。

Artnaseaw et al（2010）以蘑菇和青椒为试验材料，利用真空热泵进行干燥并建立了干燥的数学模型，结果表明：在干燥时间大量减少的同时改善了产品的色泽和品质。Hawlader et al.（2006）以切片干姜、苹果、番石榴、土豆为原料，对比空气热泵干燥，发现惰性气体（N_2，CO_2）热泵干燥的扩散效率更好、香味物质保存良好、产品物理特性更好。Sunthonvit 等人（2007）以油桃为原料，试验发现，继橱式和隧道式干燥机后，热泵干燥器是保存切片干燥水果中不稳定性组分内酯类和萜类化合物的最佳干燥系统。

1.3.3.2 水产品干燥方面

热泵的干燥温度易于控制在 25～32 ℃，在此温度范围内进行干燥，避免了水产品中不饱和脂肪酸的氧化和表面发黄，减少了蛋白质受热变性、物料变形、变色和呈味类物质的损失。因此，利用热泵干燥可获得颜色鲜亮、味道鲜美、品质良好的水产干制品。

母刚等（2007）对海参的热泵干燥法和传统"高温挂盐"法进行了比较研究，结果表明，选用较低干燥空气相对湿度（$RH = 28\%\pm2\%$）、较高风速（$V = 1.80$ m/s）和小个体海参（$L = 42.22$ mm），干燥速度较快，具有较好的感官品质。此外，热泵干燥是在常温（31 ℃）下进行的，能够比较好地保留了海参的营养活性成分。刘兰等（2008）对罗非鱼片在不同热泵干燥条件下的工艺进行了研究，结果表明，在干燥温度 35 ℃，风速 1.6 m/s，厚度 0.4～0.5 cm 的工艺条件下，产品的干燥速度较快；利用同一台装置在设定条件下的变温干燥比恒温干燥在相同的时间内可获得更低的含水率。张国琛（2008）利用热泵干燥机，分别在-2～0 ℃ 和 20 ℃ 两种温度下对北极虾和鱼块进行了干燥研究，结果显示，无论干燥温度为-2～0 ℃ 还是 20 ℃，去壳虾所需的干燥时间最少，去头虾的干燥速率大于整虾；在所有的干燥虾样品中，在 20 ℃ 下干燥的冷冻去头虾具有最好的综合表现；薄鱼块的干燥速率在 20 ℃ 时显著大于厚鱼块的干燥速率。

石启龙等（2008；2009）采用热泵变温干燥缩短了竹荚鱼片的干燥时间，显著提高了半干竹荚鱼片的色泽。最适合于竹荚鱼热泵变温干燥的条件为：20 ℃（3.5 h）→25 ℃（3.5 h）→30 ℃（3.5 h）→35 ℃（3.5 h）。此外，还建立了竹荚鱼热泵干燥的数学模型：Page 模型。该干燥模型拟合精度比较高，可以用该模型对热泵干燥过程中竹荚鱼含水率的变化进行预测和控制。吴耀森等（2009）将低盐腌制的鱿鱼经热泵干燥结合缓苏工艺（干燥 5 h→缓苏 5 h→干燥 6 h→缓苏 6 h→干燥 1 h）进行加工，所得的鱿鱼干产品质地好、色泽均匀、透明性好，且含盐量降低一半，干燥所需时间短。适当的缓苏处理不会延长干燥周期，反而可提高干品得率，利于保持鱿鱼外形及节能。胡光华等（2004）应用梯度变温热泵干燥罗非鱼，试验研究应用了 3 种干燥温度曲线，每段温度的干燥时间为 2 h。降温曲线：35 ℃→30 ℃→25 ℃→20 ℃；升温曲线：20 ℃→25 ℃→30 ℃→35 ℃；恒温曲线：取升温和降温的平均值 27.5 °C。试验结果表明，3 种干燥方法，在总能耗不变的情况下，降温干燥的平均去水率最高，升温干燥的平均去水率次之，恒温干燥的平均去水率最低。

1.3.4 热泵薄层干燥数学模型

食品干燥的基本过程是食品从外界吸取热量使食品内部水分向表面扩散，扩散到表面的水分又向周围空间蒸发的过程（董全等，2005）。食品干燥过程比较复杂，首先是对食品加热使其水分汽化的传热过程，然后是汽化后的水蒸气由于其蒸汽分压较大而扩散进入气相的传质过程，而水分从食品内部由于扩散等的作用而到达食品表面，则是一个食品内部的传质过程。因此，干燥过程的特点是传热和传质过程同时并存，两者相互影响而又相互制约，有时传热可以加速传质过程的进行，有时传热又可减缓传质的速率（Yilbas et al，2003）。因此，热量的传递和食品水分的外逸，即食品的湿热传递是食品干燥的基本原理，所以，对食品物料干燥过程中水分和温度的了解尤其重要。

薄层干燥是指被干燥物料充分暴露于一定状态的干燥环境中的干燥过程，其中，物料厚度一般小于 2 cm。薄层干燥是食品物料干燥的基本形式，食品加工中的干燥主要以薄层或近似薄层为主。食品物料内部结构的各向异性和非均一性，产品形状的不规则，以及干燥过程中的体积收缩（Sarsavadia et al，1999；Mulet et al，1987），均使水分扩散机理变得更加复杂，因此，分析、模拟肉中的水分扩散现象时需建立一系列的假设。假设条件虽然因模型需要而有所不同，但是均以费克第二定律——非稳态扩散作为基础（Mulet et al，1987）。薄层干燥的研究是为了探讨在一定的风温、风速以及相对湿度的条件下，物料含水率随时间的变化规律，并进一步建立薄层干燥方程，以便利用计算机对物料干燥过程进行模拟，为深床干燥的研究、优化干燥工艺和指导物料干燥机设计提供理论基础。

薄层干燥模型主要分成三类：理论、半经验和经验模型（Midilli et al，2002）。目前，用来描述干燥过程的数学模型已有上百种（Coumans，2000），其中薄层干燥模型是一种应用十分广泛的模型。在水果、蔬菜、水产品和其他一些农作物的干燥中，较多国内外学者已经使用薄层干燥模型来进行数学模拟（丁玉庭等，2011；李远志等，1999；刘坤等，2011）。由于物料种类繁多，因此出现了很多类型的薄层干燥方程，但这些方程大都是通过对特定物料的干燥实验数据拟合而来的。所以，在应用这些薄层方程时，要注意其试验物料及试验条件，要根据不同的干燥物料、干燥过程中的不同工艺及干燥条件，选择不同的干燥模型。半经验模型把干燥的理论和实践联系在一起，因此得到了广泛应用。

近年来，国内外研究者对薄层干燥模型在蘑菇、香蕉、草莓、洋葱、玉米等农产品干燥特性的应用研究做了大量工作。Midilli 等（2003）对开心果利用太阳能进行薄层干燥试验，确定 Two term 模型为最佳描述其干燥过程的数学模型。Doymaz（2008）在不同预处理方法得到的草莓干燥特性研究中发现，在 50 ℃ 及 55 ℃ 热风温度下，对数方程与试验数据吻合得较好；在 60 ℃ 热风温度下，Wang 模型与试验数据吻合得更好。Akpinar 等（2006）用 13 种薄层干燥模型对苹果、香蕉和南瓜片进行拟合，发现 Midilli–Kucuk 模型对这 3 种物料的拟合程度最高。李远志等（1999）建立了胡萝卜热泵干燥 MR-t 数学模型，在试验条件范围内，模型预测值与实测值拟合得较好，可以用 Page 模型比较准确地预测干燥过程中的水分比或含水率。肖旭霖（2002）研究了温度、真空度对洋葱远红外薄层干燥过程的影响，发现 Page 方程可用来描述该过程，并发现 k 随着真空度、温度的提高而增大；n 基本上不变，可看作常量。刘中深等（2007）在低温真空条件下对玉米进行薄层干燥试验，发现 Page 方程拟合得最好，该方程可以较好地描述干燥过程中玉米含水量与干燥时间的关系。

薄层干燥模型在罗非鱼、竹荚鱼、白对虾等水产品中的应用也比较多。段振华等人（2007；2004）研究了罗非鱼片与鳙鱼片的热风薄层干燥特性，发现罗飞鱼片与鳙鱼片的干燥过程可选用 Page 方程来描述。石启龙等人（2009）采用正交试验法研究了风温、风速对竹荚鱼干燥特性的影响，发现用 Page 方程来拟合该过程效果较好。娄永江（2000）采用 Page 方程拟合了龙头鱼的热风干燥过程，确定了风温、风速对方程中各参数的影响。何学连等人（2008）同样选择 Page 方程拟合了对虾的真空干燥过程，并研究了温度、真空度对白对虾真空干燥特性的影响，发现温度、真空度越高，干燥速度越快。张琼等人（2008）探讨了不同温度、不同厚度下草鱼片的热风干燥特性，并选择了修正 Page 方程来描述该过程。曾令彬等人（2008）

采用单项扩散方程模拟研究了不同风温、风速下的腌制白鲢鱼块的热风干燥过程，并计算了水分扩散系数。

除了在农产品和水产品方面的应用外，薄层干燥模型在肉制品、乳制品等一些方面也有相关的应用报道。张厚军等（2006）在猪通脊肉热风干燥特性的研究中，用 10 种模型对干燥曲线进行了模拟，结果表明，Modified Henderson and Pabis 模型最为适合。Hayaloglu 等（2007）在研究酸奶在对流盘式干燥器内的干燥过程时，用 9 种模型对其干燥曲线进行了模拟，结果表明，Midilli-Kucuk 模型最佳。欧春艳等（2007；2008）在红外干燥条件下，对壳聚糖和甲壳素的干燥特性进行了研究，采用线性回归分析程序，分析比较了不同干燥模型，结果表明，Page 模型能较好地描述壳聚糖和甲壳素的红外干燥过程，可以准确地预测各干燥阶段的干燥速率及含水率。此外，邹积琴等（2008）在碱式碳酸镁纳米花干燥动力学的研究中，也发现了 Page 模型能较准确地模拟碱式碳酸镁纳米花的干燥过程。

1.4 研究广式腊肉干燥工艺的意义

目前，国内对广式腊肉的研究主要集中在寻求新的腌制剂和发色剂、改良传统加工工艺、分析加工过程中理化指标的变化和脂肪抗氧化等方面，但对于广式腊肉干燥工艺对品质的影响、干燥模型等的研究较少。在广式腊肉制作中，干燥工艺是影响腊肉品质好坏的关键环节。目前，生产企业大多采用传统的隧道式热风干燥工艺，此工艺干燥效率低、能耗高、干燥不均匀、干燥工艺参数不易控制，在干燥过程中控温排湿需依赖操作人员经验，易造成产品质量不稳定，腊肉酸价、过氧化值容易超标，因此，探索新干燥方式以实现广式腊肉干燥的工程化和科学化对提升整个产业效益有重要的作用。

通过对目前广式腊肉在加工及贮藏过程中酸价、过氧化值以及与风味有关的各项指标的变化研究，探明了其变化机理，并在此基础上建立了广式腊肉热泵薄层干燥数学模型，为实现广式腊肉干燥的工程化和科学化提供了理论依据。

2 市售广式腊肉理化指标间的相关性分析

广式腊味是我国传统的风味食品，起源于唐宋年间，至今已有数百年历史，是广东三大传统特色食品之一，产量达 30 多万吨，产值达 60 多亿元，占全国腊味市场的 50%以上[2]。广式腊肉以五花猪肉为主要原料，配以辅料进行低温腌制后经晾晒烘烤而成。腊肉制品为高脂肪含量肉制品，在加工和贮藏过程中，由于其缺乏肠衣保护，相对广式腊肠，其酸价、过氧化值更易超标。通过对市售广式腊肉的 8 种理化指标（pH 值、水分含量、食盐含量、总糖含量、总酸含量、酸价、过氧化值、TBA 值）进行测定并分析指标间的相关性，确定不同指标对广式腊肉中脂肪氧化的影响，阐明广式腊肉品质的影响因素，为制订广式腊肉贮藏措施和改进传统加工工艺提供理论依据。

2.1 材料与方法

2.1.1 试验材料

8 种市售品牌（皇上皇、秋之风、今荣、皇者、千腊村、金鳌、金麒麟、金福）广式腊肉，编号依次为 A ~ H。

2.1.2 试验仪器

ZD-2 电位自动滴定仪，上海精科仪器有限公司；UV-1800 紫外可见分光光度计，日本岛津（SHIMADZU）；TDL-5-A 台式离心机，长沙湘智离心机仪器有限公司；EYELA 旋转蒸发仪 N-1001，上海爱朗仪器有限公司；QS503A 食物切碎机，广州威尔宝设备有限公司；BS124S 分析天平，赛多利斯科学仪器有限公司；DHG-9240A 型电热恒温鼓风干燥箱，上海精宏试验设备有限公司；酸式滴定管、碱式滴定管，广州精科仪器有限公司等。

2.1.3 试验试剂

硫代硫酸钠、硫代巴比妥酸、碘化钾、EDTA、石油醚、氯仿、冰乙酸等试验试剂均为分析纯，广州化学试剂厂。

2.1.4 试验方法

2.1.4.1 pH 值的测定

参照 GB/T9695.5-88，肉与肉制品 pH 值测定方法测定。

2.1.4.2 水分的测定

参照 GB/T5009.3-2003，肉与肉制品水分含量测定方法中的直接干燥法测定。

2.1.4.3 食盐含量的测定

参照 GB/T5009.44-2003，肉与肉制品卫生标准的分析方法测定，采用灰化浸出法。

2.1.4.4 总糖含量的测定

参照 GB/T9695.31-2008，肉制品总糖含量测定方法测定。

2.1.4.5 总酸含量的测定

参照 GB/T12456-2008，食品中总酸含量测定方法测定。

2.1.4.6 酸价的测定

参照 GB/T5009.44-2003（肉与肉制品卫生标准的分析方法）提取脂肪，参照 GB/T5009.37-2003（食用植物油卫生标准的分析方法）测定酸价。

2.1.4.7 过氧化值的测定

按 GB/T 5009.44-2003（肉与肉制品卫生标准的分析方法）提取脂肪，按 GB/T 5009.37（食用植物油卫生标准的分析方法）测定过氧化值。

2.1.4.8 TBA 值的测定

参考冯彩平等人（2007）方法：准确称取研磨均匀的腊肉样品 10 g，置于 100 mL 具塞三角瓶内。加入 50 mL 7.5%三氯乙酸溶液（含 0.1% EDTA），振摇 30 min；用双层滤纸过滤，重复过滤 1 次；准确移取上述滤液 5 mL 置于 25 mL 比色管内。加入 5 mL 0.02 mol/L TBA 溶液，混匀，加塞。置于 90 ℃ 水浴锅内保温 40 min；取出冷却 1 h。移入小试管内离心 5 min（1 600 r/min）；将上清液倾入 25 mL 比色管内，加入 5 mL 氯仿，摇匀，静置，分层；吸出上清液分别于 532 nm 和 600 nm 波长处比色，记录吸光值。同时做空白试验，记录消光值，并按下式计算 TBA 值：

$$\text{TBA 值（mg/100 g）} = \frac{A_{532} - A_{600}}{155} \times \frac{1}{10} \times 72.6 \times 100$$

2.1.5 数据处理

数据统计采用 SAS9.0 进行 ANOVA 单因素方差分析及 Ducan's 多重检验（$P < 0.05$），以均值±标准差表示。

2.2 试验结果

2.2.1 8 种理化指标检测结果

对 8 种市售品牌广式腊肉（用 A～H 表示）的有效酸度（pH 值）、水分含量、食盐含量、总糖含量、总酸含量、酸价、过氧化值（POV 值）、TBA 值 8 个理化指标进行测定，检测结果如表 2.1 所示。

表 2.1　8 种市售品牌广式腊肉的理化指标检测结果（$x \pm s$，$n = 3$）

品牌	pH 值	水分含量（％）	食盐含量（％）	总糖含量（g/100 g）	总酸含量（g/100 g）	酸价（mg/g）	POV 值（g/100 g）	TBA 值（mg/100 g）
A	6.12±0.01	12.8±0.18	2.8±0.02	5.7±0.11	0.84±0.006	2.5±0.02	0.063±0.00	4.4±0.02
B	5.97±0.01	15.8±0.22	4.2±0.02	7.4±0.06	0.85±0.000	7.2±0.05	0.004±0.0	2.0±0.06
C	5.72±0.01	7.7±0.31	3.2±0.00	6.8±0.05	0.97±0.02	4.0±0.05	0.042±0.00	5.7±0.02
D	5.98±0.02	18.8±0.042	3.9±0.02	6.9±0.02	0.85±0.01	6.1±0.06	0.096±0.00	5.0±0.08
E	5.84±0.007	12.4±0.09	3.4±0.01	5.6±0.06	0.50±0.000	5.9±0.06	0.025±0.00	1.8±0.02
F	5.83±0.01	12.1±0.81	3.3±0.01	4.3±0.02	0.33±0.000	2.7±0.003	0.033±0.00	1.5±0.06
G	6.15±0.01	15.6±0.014	3.8±0.01	6.5±0.02	0.46±0.01	6.3±0.007	0.027±0.00	2.4±0.09
H	5.91±0.01	14.8±0.69	4.2±0.02	7.6±0.14	0.33±0.000	5.5±0.06	0.004±0.0	2.2±0.09

注：A、B、C、D、E、F、G、H 分别代表 8 种市售品牌的广式腊肉。

从表 2.1 的检测结果可以看出，8 种品牌的广式腊肉（储藏期均为 1 个月），其中有 5 种酸价超过国家标准（≥4.0 mg/g），而过氧化值都在国家标准范围之内（≤0.5 g/100 g）。酸价在广式腊肉加工及贮藏过程中极易超标，这同广式腊肠酸价易超标的特点相同。总糖含量和食盐含量高的品种，其酸价也高。有观点认为（郭锡铎，2005），广式腊味中的蔗糖可能分解产生葡萄糖酸，在测定酸价时，这些糖酸影响了测定结果，使酸价偏高。然而，总糖含量和食盐含量最高的两个品种的过氧化值含量却最低，这说明传统广式腊肉蔗糖和食盐的浓度能在一定程度上抑制脂肪氧化，降低了过氧化值。这同郭善广（2009）等人在广式腊肠研究中所得的结论相一致。

2.2.2　各指标的相关性分析

用 SAS9.0 软件对广式腊肉中的有效酸度、水分含量、食盐含量、总糖含量、总酸含量、酸价、过氧化值、TBA 值进行相关性分析，得到结果如表 2.2 所示。

表 2.2　广式腊肉中 8 种理化指标间的相关性分析

	pH 值	水分含量	食盐含量	总糖含量	总酸含量	POV 值	TBA 值
水分含量	0.61911						
食盐含量	0.09857	0.65995*					
总糖含量	0.11758	0.34846	0.69391*				
总酸含量	−0.00855	−0.10785	−0.22040	0.33885			
POV 值	0.17368	0.20406	−0.39706	−0.18002	0.48300		
TBA 值	−0.06480	−0.19718	−0.36460	0.25803	0.78716**	0.71959**	
酸价	0.16803	0.59492	0.83083**	0.66935*	0.01896	−0.28938	−0.25130

注：" * "表示在 $a = 0.1$ 水平上弱显著；" ** "表示在 $a = 0.05$ 水平上显著。

从表 2.2 的相关性分析结果来看：食盐含量与酸价的相关系数是 0.83083（ $P = 0.0106$ ），呈显著正相关；总糖含量与酸价的相关系数是 0.66935（ $P = 0.0694$ ），呈弱正相关；过氧化值、TBA 值与酸价的相关性很差。酸价是衡量肉制品中游离脂肪酸总量的一个重要指标。根据 Coutron-Gambotti（1999）和 Gandemer（2002）的油脂研究报道，肉及肉制品在储存过程中游离脂肪酸的变化主要是由脂肪在酶作用下水解生成游离脂肪酸导致。因此，导致酸价变化的主要因素是酶，另外，脂肪氧化过程中产生的一些低分子有机酸也会导致酸价变化。孙为正（2007）等人在研究广式腊肠中得出引起酸价升高的主要因素是原料肉中的磷脂酶和脂肪酶。由表 2.1 中的检测结果可知，广式腊肉的 pH 值在 5.7 ~ 6.2，有利于酸性脂肪酶、中性脂肪酶、磷脂酶和溶血性磷脂酶等脂肪水解酶类在加工及储藏过程中仍能保持活性，促进脂肪的水解（ Andres et al, 2005 ）。腊肉制品的酸价测定中，KOH 不仅可以中和其中的游离脂肪酸，实际上用乙醚所浸提出来的是多种有机酸的混合物，肌肉组织内醣脘类以及添加的糖类等降解生成的小分子有机酸如乳酸、葡萄糖酸、乙酸等，也可以被萃取中和滴定，从而导致酸价数值升高（刘永强，2005）。

另外，过氧化值与食盐含量、总糖含量没有相关性，食盐具有强氧化性，会加速游离脂肪酸的进一步氧化分解（Tappel，1956）。有研究人员（郭善广等，2009）在广式腊肠试验中发现过氧化值随食盐含量的增加呈先下降后上升的趋势，含盐率在 2% 时过氧化值较低；随着食盐含量的进一步增加，其氧化性逐渐显现出来，导致过氧化值显著升高。以上结果说明，广式腊肉的食盐含量和总糖含量较合理时，除提供产品良好口味外，产品酸价及过氧化值也会较低。

表 2.2 中还显示，总酸含量与 TBA 值的相关系数是 0.78716（$P = 0.0204$），呈显著正相关；POV 值与 TBA 值的相关系数是 0.71959（$P = 0.0442$），呈显著正相关；TBA 检测的取样部位是瘦肉，反映的是肌间膜脂肪磷脂的氧化程度，与肉类脂肪氧化程度的感官质量间有很强的相关性，一般来说，TBA 值越大，脂肪氧化的程度就越高，酸败就越严重（刘永强，2005）。总酸是食品中所有酸性物质的总量，主要是因为糖被分解成有机酸使酸度增加，发生酸败。总酸含量与 TBA 值呈显著相关性，说明广式腊肉中酸败程度和脂肪氧化程度是相一致的。根据 Tappel（1956）和 Seo（1976）报道，经冷冻干燥后的牛肉和鸡肉，其过氧化值和 TBA 值与贮存时间的相关性较差。TBA 值在中间有一个下降过程，而样品的大部分过氧化值呈上升趋势，TBA 值出现波峰值时，其过氧化值仍处于较低水平，说明过氧化值和 TBA 值在评价脂肪氧化程度上并不一致，这种不一致同时说明脂肪已经经历了初期氧化的过程，进入进一步氧化阶段。然而从表 2.2 中得出 POV 值与 TBA 值呈显著正相关，虽然 POV 值与 TBA 值各自的变化趋势和曲线不同，也就是变化不同步，但经过较长时间段（比如 2 个月）的储藏后，仍有可能达到一致的结果，也就是 POV 值高，TBA 值也高，POV 值低，TBA 值同样也低。

从表 2.2 中还可以看出，水分含量与食盐含量的相关系数是 0.65995（$P = 0.0749$），呈弱相关；食盐含量与总糖含量的相关系数是 0.69391（$P = 0.0562$），呈弱相关；这表明，食盐浓度在广式腊肉加工与储藏中有着重要的作用，食盐浓度可以降低水分活度，对微生物的生长繁殖有抑制作用，对肉制品持水性及增进风味都有明显的影响作用。同样，糖类在广式腊肉加工与储藏过程中，有着防腐、调味、助色、产生风味、调控蛋白质降解等作用，在食盐浓度较高的情况下，适当加大糖用量，可在一定程度上缓和肉的咸味，使得口感更加适宜，这也许是食盐含量与水分含量、总糖含量呈现弱相关的原因之一。

2.3　小结

从理化指标测定结果来看，8 种品牌的广式腊肉（储藏期均为 1 个月），其中有 5 种酸价超过国家标准（≥4.0 mg/g），而过氧化值都在国家标准范围之内（≤0.5 g/100 g）。原辅料、加工工艺以及储藏和流通过程是引起酸价超标的主要因素。

酸价是用来表示样品中游离脂肪酸总量的一个指标。肉制品中的游离脂肪酸，主要来自脂肪在酶作用下的水解，以及脂肪氧化过程中产生的一些低分子的脂肪酸。脂肪酸的产生常常会给腌腊制品带来不愉快的哈败味，因此，在我国国家标准中，酸价作为一项强制性指标，长期被用来衡量肉制品的酸败程度，此前以及即将执行的新标准都规定不高于 4。但是，有研究表明，在腊肠的成品检验中酸价值即使达到 6、7 甚至 8，肉制品的外观也很正常，吃起来风味较好，也没有明显哈败味。酸价指标在对腊肠品质的实际判定过程中，与感官判定的氧化变质没有明显的相关性，不能真实地反映产品的实际新鲜和卫生水平。因此，很多研究者和企业对国家标准中酸价指标应用在腌腊制品中的科学性和适用性持怀疑态度。

腊肉制品的酸价测定中，KOH 不仅可以中和其中的游离脂肪酸，实际上用乙醚所浸提出来的是多种有机酸的混合物，肌肉组织内醣脘类以及添加的糖类等降解生成的小分子有机酸如乳酸、葡萄糖酸、乙酸等，也可以被萃取中和滴定，从而导致酸价数值升高（刘永强，2005）。

另外，过氧化值与食盐含量、总糖含量没有相关性，食盐具有强氧化性，会加速游离脂肪酸的进一步氧化分解（Tappel，1956）。有研究人员（郭善广等，2009）在广式腊肠试验中发现过氧化值随食盐含量的增加呈先下降后上升的趋势，含盐率在 2% 时过氧化值较低；随着食盐含量的进一步增加，其氧化性逐渐显现出来，导致过氧化值显著升高。以上结果说明，广式腊肉的食盐含量和总糖含量较合理时，除提供产品良好口味外，产品酸价及过氧化值也会较低。

3 热风和热泵干燥工艺对广式腊肉理化指标的影响

应用热风和热泵两种干燥方式分别制作广式腊肉,动态取样监测广式腊肉在烘烤过程中理化指标的变化情况(即对各烘烤点处的样品进行与脂质氧化相关指标的检测),初步探究两种干燥方式在广式腊肉加工过程中的质量关键控制点。

3.1 材料与方法

3.1.1 试验材料

实验室自制广式腊肉:不带奶脯的肋条肉,切成宽 1.5 cm、长 33～38 cm 的条状,宽度均匀,刀工整齐,厚薄一致,皮上无毛,无伤斑。食盐、白糖、白酒、生抽、老抽、八角、茴香、桂皮等购于超市。

3.1.2 试验试剂

硫代硫酸钠、硫代巴比妥酸、碘化钾、EDTA、石油醚、氯仿、冰乙酸、丙酮、氯化钙、氯化钠、铬酸钾、硝酸银、邻苯二甲酸氢钾、氢氧化钠、氢氧化钾、碳酸钙、硫酸铜、酒石酸钾钠、亚铁氰化钾、乙酸锌、葡萄糖、乙醚、乙醇、三氯甲烷、重铬酸钾、三氯乙酸、淀粉、酚酞、糊精、荧光黄、甲基红等试验试剂均为分析纯,广州化学试剂厂。

3.1.3 试验仪器

ZD-2 电位自动滴定仪,上海精科仪器有限公司;UV-1800 紫外可见分光光度计，日本岛津；TDL-5-A 台式离心机，长沙湘智离心机仪器有限公司；EYELA 旋转蒸发仪 N-1001，上海爱朗仪器有限公司；QS503A 食物切碎机，广州威尔宝设备有限公司；BS124S 分析天平，赛多利斯科学仪器有限公司；DHG-9240A 型电热恒温鼓风干燥箱，上海精宏试验设备有限公司；HWS26 型电热恒温水浴锅，上海一恒科学仪器有限公司；坩埚、称量瓶、酸式滴定管、碱式滴定管，广州精科仪器有限公司；SX$_2$-4-10 马弗炉，上海锦屏仪器仪表有限公司；GHRH-20 型热泵干燥机(采用 R134a 冷媒、PLC+触摸屏控制、电辅助加热升温方式、干燥腔最高温可达 65 °C，图见附录 2)，广东省农业机械研究所。

3.1.4　试验方法

3.1.4.1　广式腊肉加工工艺流程

　　五花肉→腌制（4 °C 下腌制 24 h）→晾挂（1 h）→干燥→冷却→包装→成品。

　　辅料：白砂糖 8%，盐 3.5%，白酒 2%，生抽 3%，老抽 1.5%，八角、桂皮、花椒、茴香各 0.2%，亚硝酸钠 0.01%。

3.1.4.2　干燥方法

　　依照工厂生产配方和工艺在实验室自制广式腊肉。

　　热泵烘烤条件:开机 1 h 后升至 50～52 °C 恒温 2 h,然后升至 54～56 °C 恒温 5 h，然后升至 56～58 °C 恒温 25 h，后降至 50～52 °C 恒温 2 h 后出烘箱。取样：烘烤过程中，每隔 5 h 取一次样品。风速为 1.0 m/s。

　　热风烘烤条件:开机 1 h 后升至 50～52 °C 恒温 2 h,然后升至 54～56 °C 恒温 5 h（每小时开烘箱门排湿 3～5 min），然后升至 56～58 °C 恒温 25 h，后降至 50～52 °C 恒温 2 h 后出烘箱。取样：每隔 5 h 取一次样品。

3.1.4.3　水分的测定

　　参照 GB/T5009.3-2003,肉与肉制品水分含量测定方法中的直接干燥法测定。

3.1.4.4　总糖含量的测定

参照 GB/T9695.31-2008，肉制品总糖含量测定方法测定。

3.1.4.5　总酸含量的测定

参照 GB/T12456-2008，食品中总酸含量测定方法测定。

3.1.4.6　酸价的测定

参照 GB/T5009.44-2003（肉与肉制品卫生标准的分析方法）提取脂肪，参照 GB/T5009.37-2003（食用植物油卫生标准的分析方法）测定酸价。

3.1.4.7　过氧化值的测定

按 GB/T 5009.44-2003（肉与肉制品卫生标准的分析方法）提取脂肪，按 GB/T 5009.37（食用植物油卫生标准的分析方法）测定过氧化值。

3.1.4.8　TBA 值的测定

参考冯彩平等人（2007）方法：准确称取研磨均匀的腊肉样品 10 g，置于 100 mL 具塞三角瓶内。加入 50 mL 7.5%三氯乙酸溶液（含 0.1% EDTA），振摇 30 min；用双层滤纸过滤，重复过滤 1 次；准确移取上述滤液 5 mL 置于 25 mL 比色管内。加入 5 mL 0.02 mol/L TBA 溶液，混匀，加塞。置于 90 °C 水浴锅内保温 40 min;取出冷却 1 h。移入小试管内离心 5 min（1600 r/min）；将上清液倾入 25 mL 比色管内，加入 5 mL 氯仿，摇匀，静置，分层；吸出上清液分别于 532 nm 和 600 nm 波长处比色，记录吸光值。同时做空白试验，记录消光值，并按下式计算 TBA 值：

$$\text{TBA 值（mg/100 g）} = \frac{A_{532} - A_{600}}{155} \times \frac{1}{10} \times 72.6 \times 100$$

3.1.4.9　羰基价的测定

样品处理按 GB/T 5009.44 规定的方法操作，按国标 GB/T 5009.37 规定的方法进行测定。

3.1.5　数据处理

数据统计采用 SAS9.0 进行 ANOVA 单因素方差分析及 Ducan's 多重检验（$P < 0.05$），以均值±标准差表示。

3.2　试验结果

对广式腊肉，在热风、热泵烘烤过程中，每隔 5 h 取样一次，并测定其水分含量、总糖含量、总酸含量、酸价、POV 值、TBA 值、羰基值的基本理化指标，结果分别如表 3.1、表 3.2 所示。

表 3.1　热泵干燥广式腊肉的理化指标检测结果（$x \pm s$，$n = 3$）

烘烤时间（h）	水分含量（%）	总糖含量（g/100 g）	总酸含量（g/100 g）	酸价（mg/g）	POV 值（g/100 g）	TBA 值（mg/100 g）	羰基值（%）
5	38.1±0.28	6.89a±0.11	0.25±0.005	1.91±0.05	0.010±0.001	1.02±0.02	0.107±0.002
10	28.8±0.22	5.40b±0.16	0.21±0.001	1.78±0.05	0.011±0.0009	0.89±0.03	0.126±0.003
15	22.5±0.31	7.52c±0.15	0.24±0.002	2.05±0.05	0.017±0.001	1.17±0.02	0.144±0.003
20	19.4±0.52	6.87a±0.09	0.25±0.001	1.69±0.06	0.021±0.0008	1.09±0.04	0.138±0.004
25	17.4±0.29	6.32d±0.06	0.26±0.005	1.80±0.06	0.016±0.0007	1.04±0.025	0.112±0.003
30	15.8±0.81	6.17d±0.12	0.27±0.004	1.96±0.07	0.018±0.001	1.58±0.03	0.175±0.003
35	14.2±0.24	6.57e±0.08	0.28±0.003	2.18±0.09	0.026±0.001	1.79±0.04	0.189±0.002

表 3.2　热风干燥广式腊肉的理化指标检测结果（$x \pm s$，$n = 3$）

烘烤时间（h）	水分含量（%）	总糖含量（g/100g）	总酸含量（g/100g）	酸价（mg/g）	POV 值（g/100 g）	TBA 值（mg/100 g）	羰基值（%）
5	40.5±0.20	5.87±0.11	0.30±0.006	1.34±0.03	0.027±0.001	0.84±0.03	0.076±0.002
10	32.5±0.24	7.44±0.09	0.39±0.000	1.47±0.02	0.044±0.001	0.78±0.03	0.085±0.002
15	26.8±0.30	5.30±0.11	0.31±0.002	1.44±0.05	0.047±0.001	0.82±0.05	0.164±0.003
20	22.4±0.42	6.27±0.07	0.40±0.001	1.44±0.06	0.048±0.001	1.33±0.05	0.070±0.005
25	20.4±0.29	6.35±0.12	0.32±0.000	1.71±0.06	0.089±0.0015	1.17±0.025	0.217±0.004
30	18.9±0.81	6.63±0.09	0.33±0.003	1.95±0.07	0.096±0.0017	0.87±0.03	0.116±0.004
35	16.8±0.14	6.59±0.10	0.47±0.005	1.86±0.08	0.073±0.001	1.17±0.04	0.226±0.006

3.2.1 水分含量的变化

广式腊肉是一种典型的半干水分食品，国标中规定腊肉含水率≤25%，实际生产中腊肉的含水率很低，为 8% ~ 16%。国外有关资料认为，干肉含水率在 15% 时，其水分活性在 0.70 以下，能有效抑制细菌、霉菌的繁殖（张孔海，2000）。

图 3.1 显示了经热泵、热风烘烤的两种广式腊肉在整个烘烤过程中含水率的变化情况。可以看出，两种腊肉的含水率在干燥过程的前 20 h 内下降的速度很快，之后的 15 h 下降速度变得平缓。不过，热泵干燥过程中腊肉含水率的下降速度比热风干燥过程要快。热泵干燥 30 h 时，广式腊肉含水率达到 15.8%；而热风干燥 35 h 时，广式腊肉含水率才达到 16.8%。可见，相比热风干燥工艺，热泵干燥广式腊肉可较大地缩短干燥时间，提高生产效率。

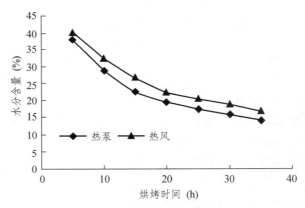

图 3.1 烘烤过程中广式腊肉水分含量的变化

3.2.2 总糖含量的变化

总糖包括还原糖和添加的蔗糖。广式腊肉通常会添加蔗糖，一方面是为增加腊肉的甜度，另一方面是因为蔗糖可以增加渗透压，从而起到防腐保鲜的作用。在整个干燥过程中，蔗糖通过水解可以产生一定量的葡萄糖和果糖，而葡萄糖作为还原性单糖，参与同蛋白质降解产物作用的美拉德反应，影响腊肉风味和色泽的形成。

从图 3.2 可以看出，烘烤过程的前 20 h 内，总糖含量的变化趋势不稳定。含量下降，说明腊肉中的还原糖与氨基酸、肽、脂肪的氧化分解产物等发生了美拉德反应或被微生物发酵产生乳酸，促进了腊肉风味、色泽的形成；含量上升则可能是由蔗糖水解程度增加、还原糖含量上升所引起的。之后的 15 h，总糖含量变化不明显，且两种腊肉的总糖含量趋近相同，说明烘烤后期随着还原糖与氨基酸、肽和脂肪氧化产物等的进一步反应，或参与微生物发酵降解等，且在水分含量减少、蔗糖水解减缓的情况下，其含量趋近平衡。而整个变化过程是有利于腊肉风味形成的。

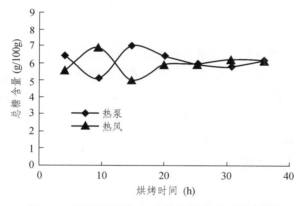

图 3.2　烘烤过程中广式腊肉总糖含量的变化

热泵和热风烘烤广式腊肉的过程中，前 20 h 总糖含量几乎呈相反变化趋势，之后的 15 h，两者的变化趋势趋于一致，含量在烘烤终点时也几乎相同。这说明，热风及热泵两种烘烤方式都能较好地促进广式腊肉发生美拉德反应，形成较好的风味和色泽。

3.2.3　总酸含量的变化

总酸是食品中所有酸性物质的总量。主要是糖被分解成有机酸，使酸度增加，发生酸败。姜照等（2011）研究发现，总酸含量与酵母菌数量、乳酸菌数量都呈极显著性相关。

图 3.3 表明，整个热泵干燥过程中总酸含量在(0.21～0.28)g/100 g 之间变化，整个热风干燥过程中总酸含量在(0.30～0.47)g/100 g 之间变化。热风

干燥过程中总酸含量波动较大，最后阶段，总酸含量更是呈直线上升；而热泵干燥过程中总酸含量变化较小，随着干燥过程的继续进行，蒸发的水分含量占腊肉质量的比例逐渐增大，总酸含量随时间呈弱线性增大。

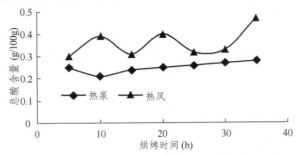

图 3.3　广式腊肉烘烤过程中总酸含量的变化

热风干燥过程中总酸含量的波动变化，可能是因为游离脂肪酸的解离作用、氨基酸的脱氨作用以及微生物的糖降解作用共同作用的结果，总酸含量的上升与下降取决于哪一种作用占主导地位。热风烘烤过程的总酸含量高于热泵烘烤过程，这可能与热风烘烤过程中产生较多的有机酸有关，这也给热风干燥产品较热泵干燥产品容易发生酸败埋下了隐患。

3.2.4　酸价的变化

酸价是用来表示样品中游离脂肪酸总量的一个指标。肉制品中的游离脂肪酸主要来自脂肪在酶作用下的水解，以及脂肪氧化过程中产生的一些低分子的脂肪酸。

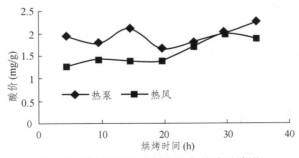

图 3.4　广式腊肉烘烤过程中酸价的变化

由图 3.4 可以看出，两种广式腊肉的酸价整体上都呈上升趋势，但上升的幅度较小。这是因为烘烤过程中较高的温度促进了脂肪的水解，同时含水率的快速下降促使酶快速浓缩，导致脂肪水解加速。这一结果与 Fanco 等（2002）报道的西班牙干腌香肠的变化规律相似。Feng-sheng（2000）等研究的干腌火腿在成熟过程中游离脂肪酸含量也一直呈上升趋势。

在整个干燥过程中，热泵产品的酸价都较高于热风产品，但两者的酸价都远低于现行标准 4 mg KOH/g 脂肪。热泵产品的酸价在(1.69 ~ 2.18)mg/g 之间呈增长变化，热风产品的酸价在(1.34 ~ 1.95)mg/g 之间变化。热泵烘烤的成品酸价(2.18 mg/g 脂肪)也高于热风烘烤的成品酸价(1.86 mg/g 脂肪)。这可能是因为热风烘烤过程中产生的游离脂肪酸已有部分与空气中的氧气结合形成氢过氧化物，另外，游离脂肪酸还可以与脂质氧化产生的醇反应生成酯，从而使游离脂肪酸含量降低；而热泵干燥机因为是密闭空间，其空气干燥介质循环使用，所以干燥介质中氧气含量少，脂质被氧化的程度小，存在的游离脂肪酸含量较高。也可能是热泵烘烤过程中腊肉含水率比热风烘烤过程下降得快，脂肪酶快速浓缩，导致脂肪水解加速。还可能是因为热泵干燥机内作用于腊肉的实际温度要高于热风干燥箱作用于腊肉的实际温度，而较高的温度更易促进脂肪的水解。另外原料肉的肥瘦程度不同其酸价也不同（郭锡铎，2005）。

有研究表明，腌腊肉制品出现哈败味的变质现象时，酸价不一定高，有可能低于现行标准的 4 mg KOH/g 脂肪。同样，酸价高的产品并不一定已经变质；无哈败味、风味正常、感官判定合格的产品，酸价可高达 8 mg KOH/g 脂肪以上。酸价应用在腌腊肉制品中，作为脂肪酸的一个表观值，虽然也能够部分地反映脂肪的总体水解和氧化程度，但并不能直观地表示那些对人体有毒有害物质的真实水平。所以，酸价在实际应用中不能非常准确地判定腌腊肉制品的实际卫生水平（曹锦轩等，2006）。

游离脂肪酸同时也是腊肉制品的重要风味前体物质。游离脂肪酸还可以与脂肪氧化所产生的醇发生反应生成酯，脂肪酸形成的酯可以赋予肉制品果香甜味的特征，长链的脂肪酸所产生的酯则会产生一种具脂香特征的风味。游离脂肪酸较易发生氧化，氧化分解产生的挥发性物质是腊肉风味的重要前体物质。所以，单纯就这一点来说，对于腊肉中的游离脂肪酸不能一味地抑制其产生，而是要控制在一定量之内，从酸价来看，不能说酸价越低越好，而是要控制在一定范围内。

3.2.5 POV 值的变化

不饱和脂肪酸中的双键与空气中的氧气结合形成的氢过氧化物是脂类氧化的第一个中间产物，过氧化值（POV 值）可反应肉制品中脂肪氧化的程度。但这些中间产物的性质极不稳定，随着中间产物的不断积累，它们会很快进一步氧化分解为醛、酮、酸等低分子物质（傅樱花，2004；裴振东等，2004）。由图 3.5 可以看出，热风烘烤过程广式腊肉的过氧化值均高于热泵烘烤过程，且最终热风烘烤产品的过氧化值（0.073 g/100 g）远高于热泵产品（0.026 g/100 g），但两者都与国标规定的标准 0.5 g/100 g 相差甚远。热风烘烤过程中，前 20 h，过氧化值呈平缓上升趋势，后 15 h 上升幅度较大；而整个热泵烘烤过程的过氧化值变化不明显，呈弱上升趋势。

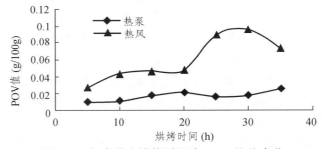

图 3.5　广式腊肉烘烤过程中 POV 值的变化

热风烘烤过程中过氧化值上升较快，主要由三方面原因造成。首先，游离脂肪酸的快速积累促进脂肪的快速氧化；其次，高温降低了游离脂肪酸氧化的活化能，促进了脂肪的氧化；最后，含水率的快速下降使腊肉氧气含量快速上升也促进了脂肪的氧化。热泵烘烤过程中，过氧化值变化不明显，上升幅度很小，这可能是因为一级产物的生成速度稍大于分解速度，过氧化值虽有上升，但上升的速度平缓；也可能是因为热泵干燥机是密闭空间，且干燥介质（空气）被循环利用，整个烘烤环境清洁且氧气含量低，阻碍了脂质的进一步氧化分解。

3.2.6 TBA 值的变化

腌腊肉制品中脂质的氧化程度通常采用硫代巴比妥酸试验（TBA）进行评价，测得的数值（TBA 值）反应 1000 g 肉中丙二醛（MDA）的质量（白卫东等，2009）。TBA 值的高低表示脂肪二级氧化产物即最终生成物的量，能够反应脂肪最终氧化程度，是广泛用于评价脂肪氧化程度的指标之一。有研究显示，肉中丙二醛含量达到 0.5 mg/kg，加热后就会出现异味，即所谓热异味。

从图 3.6 可以看出，广式腊肉在加工过程中 TBA 值除了在烘烤中期有明显下降外，其他时期 TBA 值均呈上升趋势，这与傅樱花（2004）研究的结果相近。在干燥过程中，热泵产品的 TBA 值基本上高于热风产品。TBA 值在烘烤中期明显下降，可能是由于丙二醛与蛋白质发生反应（丙二醛与肉制品中的具反应活性的氨基相互作用生成 1-氨基 3-氨基丙烯），使丙二醛呈结合状态而不易被测定出来（赵谋明等，2007）。

从图 3.6 还可以看出，热风和热泵烘烤过程中腊肉的 TBA 值的变化均不稳定，说明氢过氧化物在分解生成小分子醛类物质的同时，这些醛类进行的后续反应也较剧烈，这可能与其不稳定的性质有关。

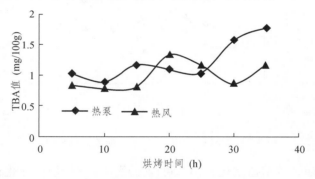

图 3.6　广式腊肉烘烤过程中 TBA 值的变化

从热泵和热风两种烘烤过程中 TBA 值的变化情况来看，热泵烘烤过程的醛类物质含量要高于热风烘烤过程，说明热风烘烤过程中促进了小分子醛类物质的进一步反应，这有可能使得热泵烘烤腊肉风味优于热风烘烤腊肉。乔发东（2006）和章建浩（2005）分别对科西嘉火腿和金华火腿进行了研究，也发现 TBA 值的变化不稳定，说明在脂肪氧化产生醛类物质的同时，小分子醛类的后续反应也非常快。

3.2.7　羰基值的变化

脂肪氧化后产生的氢过氧化物极不稳定，随后分解成小分子的醛、酮、酸类物质，这些物质属于羰基类化合物，对风味的形成有重要影响（傅樱花，2004）。羰基值反映了脂肪氧化分解产物醛、酮、酸的含量，也是衡量脂类氧化程度的另一个重要指标。

从图 3.7 可以看出，广式腊肉在加工过程中，羰基值有升有降，但整体呈上升趋势，这与刘晓艳等人（2009）研究广式腊肠在加工过程中羰基值变化的结果相一致。傅樱花（2004）研究发现，腊肉在加工过程中羰基值也有升高的趋势。热风烘烤广式腊肉过程中，羰基值波动较大，整体呈上升趋势；而热泵烘烤广式腊肉过程中，羰基值波动较小，也呈上升趋势；但最后阶段，热风烘烤产品的羰基值高于热泵产品。

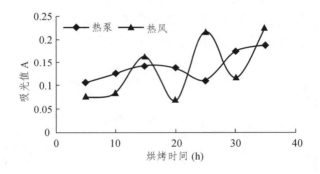

图 3.7　广式腊肉烘烤过程中羰基值的变化

加工初期，羰基值变化较小，可能是因为游离脂肪酸在生成和积累过程中缓慢地氧化成醛、酮、酸等小分子物质，因此羰基值的变化趋势较缓，然而随着加工过程的进行，游离脂肪酸积累到一定程度后逐步氧化降解，从而导致羰基值不断上升。加工中后期，羰基值出现降低现象，这可能与温度对脂肪酶活性的影响、生成的酸和醇再进一步反应产生酯类化合物和一些挥发性小分子化合物有关。总之，羰基值总体呈上升趋势，说明醛、酮、有机酸等小分子羰基化合物不断积累，有利于风味的形成。

3.2.8　理化指标间的相关性分析

如表 3.3 所示，热泵干燥过程中广式腊肉的烘烤时间与水分含量呈极显著相关，与总酸含量、POV 值、TBA 值、羰基值呈显著相关；酸价与 TBA

值呈显著相关性；POV 值与烘烤时间、水分含量、TBA 值、羰基值呈显著相关。TBA 值与烘烤时间、总酸含量、酸价、POV 值呈显著相关，与羰基值呈极显著相关。

表 3.3 热泵干燥产品理化指标间的相关性分析

	烘烤时间	水分含量	总糖含量	总酸含量	酸价	POV 值	TBA 值
水分含量	−0.93447**						
总糖含量	0.8787	−0.09750					
总酸含量	0.78248*	−0.70178	0.29878				
酸价	0.90707	−0.78737	−0.31357	0.51161			
POV 值	0.84985*	−0.84143*	0.26267	0.69011	0.57579		
TBA 值	0.83130*	−0.68839	0.10423	0.80396*	0.80361*	0.77701*	
羰基值	0.78113*	−0.67935	0.01954	0.57102	0.72873	0.79207*	0.92958**

注："*"表示在 $a = 0.05$ 水平上显著；"**"表示在 $a = 0.01$ 水平上极显著。

如表 3.4 所示，热风干燥过程中广式腊肉的烘烤时间与 POV 值呈显著相关，与水分含量、酸价呈极显著相关；POV 值与烘烤时间、水分含量呈显著相关，与酸价呈极显著相关；酸价还与水分含量呈显著性相关。

表 3.4 热风干燥产品理化指标间的相关性分析

	烘烤时间	水分含量	总糖含量	总酸含量	酸价	POV 值	TBA 值
水分含量	−0.95357**						
总糖含量	0.18412	−0.23236					
总酸含量	0.49629	−0.28051	0.51815				
酸价	0.90707**	−0.80046*	−0.28379	0.20398			
POV 值	0.85270*	−0.83090*	0.25516	0.08970	0.92449**		
TBA 值	0.53347	−0.39989	0.00455	0.49990	−0.21693	0.28477	
羰基值	0.65714	−0.69115	−0.13165	0.21375	0.58489	0.58881	0.29346

注："*"表示在 $a = 0.05$ 水平上显著；"**"表示在 $a = 0.01$ 水平上极显著。

3.3 小结

采用对比方法，系统研究了广式腊肉在热泵和热风烘烤过程中的水分含量、酸价、过氧化值等理化指标的变化，探明了其基本变化规律，为改进广式腊肉的现有生产工艺及实现其全年生产提供了科学依据。

广式腊肉在热泵和热风烘烤过程中由于温湿度的不同导致其含水率的下降速度不同；由于干燥介质的氧气含量和清洁程度不同，导致酸价、过氧化值等指标变化趋势不同，酶的活性以及微生物的作用也因之受到不同程度的影响，从而使成品的风味有所不同。

脂肪的水解和氧化程度对风味具有重要作用。脂肪水解产生游离脂肪酸，导致酸价升高，同时水解成的短链脂肪酸是腊肉挥发性风味成分的重要组成部分，脂肪适度的水解将有利于风味的形成。相反，脂肪过度水解，当达到一定程度时，腊肠就会出现酸败味。腊肉中的游离脂肪酸不能一味地抑制其产生，而是要控制在一定量之内，从酸价来看，不能说酸价越低越好，而是要控制在一定范围；脂肪氧化产生氢过氧化物，氢过氧化物分解后产生的小分子的醛、酮、酸类物质是腊肠挥发性风味成分的重要组成，因此，脂肪适度的氧化对腊肉固有风味的形成具有重要影响。但脂肪过度氧化后，伴随氢过氧化物的积累，腊肉则会出现哈败味。氢过氧化物对人体有很大危害，现代医学研究表明，脂肪氧化产物可以诱发机体产生多种慢性疾病，是人体衰老和心血管疾病的主要诱因。

相对热风烘烤工艺，热泵烘烤广式腊肉的生产周期大为缩短，能耗利用率高；热泵产品的酸价和 TBA 值均高于热风制品，表明热泵产品的脂肪水解程度和醛类物质含量高于热风制品，这也解释了热泵烘烤广式腊肉的风味物质较为丰富，而热风烘烤过程中促进了小分子醛类物质的进一步反应；热泵产品的总酸含量、POV 值、羰基值均低于热风制品。

总酸是食品中所有酸性物质的总量，主要是糖被分解成有机酸，使酸度增加，发生酸败。热风烘烤过程中的总酸含量高于热泵烘烤过程，这可能与热风烘烤过程中产生较多的有机酸有关，也给热风干燥产品较热泵干燥产品容易发生酸败埋下了隐患。热泵烘烤过程中，过氧化值变化不明显，上升幅度很小，这可能是因为一级产物的生成速度稍大于分解速度，过氧化值虽有上升，但上升的速度平缓；也可能是因为热泵干燥机是密闭空间，且干燥介质（空气）被循环利用，整个烘烤环境清洁且氧气含量低，阻碍了脂质的进一步氧化分解。游离脂肪酸积累到一定程度后逐步氧化降解，从而导致羰基值不断上升，热风烘烤过程中广式腊肉的脂质氧化程度高于热泵制品。

4 热风和热泵干燥工艺对广式腊肉挥发性风味物质的影响

应用热风和热泵两种干燥方式分别制作广式腊肉，动态取样监测广式腊肉在烘烤过程中挥发性风味成分的变化情况，对比分析热泵、热风两种烘烤过程中广式腊肉挥发性成分相对含量的变化情况，初步探究广式腊肉挥发性风味的形成机理及热风和热泵这两种干燥方式对广式腊肉挥发性风味的影响。

4.1 材料与方法

4.1.1 试验材料

实验室自制广式腊肉:不带奶脯的肋条肉，切成宽 1.5 cm、长 33 ~ 38 cm 的条状，宽度均匀，刀工整齐，厚薄一致，皮上无毛，无伤斑。食盐、白糖、白酒、生抽、老抽、八角、茴香、桂皮等购于超市。

4.1.2 试验试剂

正己烷、环己烷，Fisher 公司，色谱纯。

4.1.3 试验仪器

DHG-9240A 型电热恒温鼓风干燥箱，上海精宏试验设备有限公司；HWS26 型电热恒温水浴锅，上海一恒科学仪器有限公司；GHRH-20 型热泵干燥机（采用 R134a 冷媒、PLC+触摸屏控制、电辅助加热升温方式，干燥腔最高温可达 65 °C，见图 8.1），广东省农业机械研究所；固相微萃取用手柄、50/30 µmDVB/CAR/PDMS 萃取纤维头，美国 SUPELCO 公司；PH6890GC/5975MS 气相色谱-质谱联用仪。

4.1.4　试验方法

4.1.4.1　广式腊肉加工工艺流程

　　五花肉→腌制（4 °C 下腌制 24 h）→晾挂（1 h）→干燥→冷却→包装→成品。

　　辅料：白砂糖 8%，盐 3.5%，白酒 2%，生抽 3%，老抽 1.5%，八角、桂皮、花椒、茴香各 0.2%，亚硝酸钠 0.01%。

4.1.4.2　干燥方法

　　依照工厂生产配方和工艺在实验室自制广式腊肉。

　　热泵烘烤条件:开机 1 h 后升至 50～52 °C 恒温 2 h,然后升至 54～56 °C 恒温 5 h，然后升至 56～58 °C 恒温 25 h，后降至 50～52 °C 恒温 2 h 后出烘箱。取样：烘烤过程中，每隔 5 h 取一次样品。风速为 1.0 m/s。

　　热风烘烤条件:开机 1 h 后升至 50～52 °C 恒温 2 h,然后升至 54～56 °C 恒温 5 h（每小时开烘箱门排湿 3～5 min），然后升至 56～58 °C 恒温 25 h，后降至 50～52 °C 恒温 2 h 后出烘箱。取样：每隔 5 h 取一次样品。

4.1.4.3　广式腊肉挥发性成分检测

　　（1）顶空固相微萃取条件。

　　萃取纤维头老化：第一次使用时，50/30 µmDVB/CAR/PDMS 萃取纤维头需在气相色谱进样口 270 °C 老化 1 h。

　　将广式腊肉均匀取样，剪碎成小块，称取 3.0 g 放入 15 ml 样品瓶中，用 50/30 µmDVB/CAR/PDMS 萃取纤维头于 40 °C 恒温吸附 60 min，进样口 250 °C 解吸 5 min。

（2）气相色谱-质谱分析条件。

采用气相色谱-质谱（GC-MS）分析方法进行。

色谱条件：Agilent6890N 气相色谱仪，弹性石英毛细管柱 HP-5MS（30.0 m×250 μm×0.25 μm），载气为 He，流速为 1 ml/min，进样口温度 250 °C，不分流进样。

质谱条件：Agilent5975MSD 质谱，电子轰击离子源（EI），离子源温度 230 °C，接口温度 280 °C，扫描质量范围 45～500 amu。

GC-MS 升温程序：起始温度 40 °C，保持 5 min，然后以 4 °C/min 的升温速度升温到 130 °C，保持 3 min，再以 8 °C/min 的升温速度升温到 200 °C，保持 3 min，最后以 12 °C/min 的速度升温至 250 °C。

4.1.5 挥发性化合物数据处理

试验数据处理由 Xcalibur 软件完成，未知化合物经计算机检索的同时与 NIST05 谱库和 Wiley 谱库相匹配，只有当匹配度均大于 800（最大值为 1000）的鉴定结果才予以确认。在相同色谱条件下与标准品的保留时间及质谱图相比较确认色谱峰；没有标准物质比对的色谱峰采用计算机检索并与图谱库（NIST05 和 Wiley710）的标准质谱图对照，采用相同的升温程序，以 C_5-C_{20} 正构烷烃作为标准品，其总离子流色谱图参见图 4.1。以其保留时间计算样品图谱中对应成分的保留指数（I_R），再与图谱库检测结果结合进行定性分析，最后确定活性成分。保留指数计算公式：

$$I_{RX}=100n+(t_{RX}-t_{Rn}) \times 100/(t_{R(n+1)}-t_{Rn})$$

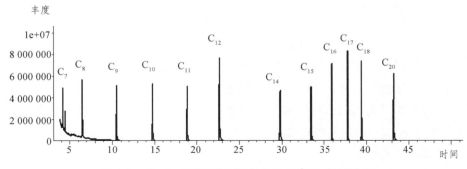

图 4.1　C_5-C_{20} 正构烷烃标准品的总离子流色谱图

4.2 试验结果

4.2.1 两种干燥工艺过程中广式腊肉挥发性风味成分测定结果

腌腊肉制品主要的风味化合物包括醇、酯、烃、醛、酮、羧酸、含硫化合物、内酯、呋喃、吡嗪、吡啶、吡咯和噻吩等，它们共同形成了产品的特征芳香气味。腌腊肉制品的风味形成是一个复杂过程，脂质氧化降解、蛋白质降解及碳水化合物发酵是其主要形成途径（郇延军等，2003）。加工参数是影响风味形成的主要因素，包括内在参数及外在参数。其中，内在参数主要有肥瘦肉比例、糖种类及用量、食盐用量、硝酸盐及亚硝酸盐用量和香辛料种类及用量；外在参数主要有加工温度及时间、相对湿度和是否应用发酵剂及其种类（梁丽敏等，2007）。腊肉的典型风味不仅取决于挥发性风味物质本身，而且还取决于挥发性风味物质与产品中其他组分的比例及其之间的相互作用。同时，微生物的生长以及内源酶的作用也无疑对一些挥发性香气成分起着重要作用。脂质的自动氧化反应也是风味物质形成的一条重要途径。

热泵、热风烘烤过程中广式腊肉的挥发性风味成分变化分别如表 4.1、表 4.2 所示。从表 4.1 可以看出，热泵烘烤广式腊肉过程中共鉴定出 66 种风味成分，其中，5 h 有 29 种、10 h 有 25 种、15 h 有 30 种、20 h 有 26 种、25 h 有 39 种、30 h 有 42 种、35 h 有 54 种。在鉴定的化合物中，有醇类（12 种）、酯类（13 种）、烃类（27 种）、醛类（8 种）、酮类（3 种）、醚类（1 种）、含氮类（1 种）和酸类（1 种）。但是只有 17 种化合物在加工过程中一直存在，其中包括 4 种醇类、6 种酯类、4 种烃类、2 种醛类和 1 种酮类。从表 4.2 可以看出，热风烘烤广式腊肉过程中共鉴定出 48 种风味成分，其中，5 h 有 36 种、10 h 有 36 种、15 h 有 32 种、20 h 有 32 种、25 h 有 32 种、30 h 有 38 种、35 h 有 30 种。在鉴定的化合物中，有醇类（9 种）、酯类（10 种）、烃类（20 种）、醛类（4 种）、酮类（3 种）、醚类（1 种）和酸类（1 种）。但是有 21 种化合物在加工过程中一直存在，其中包括 6 种醇类、7 种酯类、5 种烃类、2 种醛类和 1 种酮类。

表 4.1 热泵烘烤广式腊肉过程中挥发性风味物质的变化

序号	化合物名称	保留时间（min）	RI	热泵烘烤时间（h）						
				总面积百分比（%）						
				5	10	15	20	25	30	35
醇类										
1	乙醇	1.54±0.01		38.60±0.19	37.37±0.17	34.25±0.15	44.52±0.18	30.80±0.10	33.23±0.09	22.30±0.09
2	异戊醇	4.03±0.00	718				3.02±0.05	3.61±0.04	2.72±0.03	2.28±0.02
3	2-甲基-1-丁醇	4.14±0.01	722					3.31±0.05	2.04±0.01	1.62±0.01
4	正戊醇	4.98±0.02	748					0.18±0.01	0.31±0.01	0.35±0.02
5	2,3-丁二醇	5.63±0.01	769			0.44±0.01	0.22±0.01	0.29±0.01	0.14±0.01	0.23±0.01
6	正己醇	9.34±0.02	856					0.11±0.00	0.10±0.00	
7	1-辛烯-3-醇	15.31±0.03	965						0.48±0.00	0.71±0.00
8	桉叶油醇	18.36±0.04	1014		7.27±0.12	10.10±0.12	11.11±0.13	4.88±0.08	6.41±0.08	5.38±0.05
9	β-松油醇	20.95±0.04	1052	0.95±0.01	0.67±0.01	0.91±0.01	0.78±0.01	0.43±0，01	0.58±0.01	0.74±0.01
10	苯乙醇	23.8±0.02	1094	0.64±0.01	0.32±0.01	0.48±0.01	0.52±0.01	0.82±0.01	0.29±0.01	0.46±0.01
11	4-萜烯醇	28.39±0.01	1158	0.96±0.01	0.67±0.02	0.82±0.01	0.71±0.01	0.47±0.01	0.55±0.01	0.61±0.01
12	a-松油醇	29.47±0.03	1173		0.23±0.00		0.24±0.00	0.19±0.01	0.20±0.00	0.23±0.00
合计	12 种			51.20±0.13	46.54±0.12	49.78±0.10	61.12±0.16	45.10±0.08	46.96±0.09	34.99±0.10
酯类										
13	异丁酸乙酯	4.66±0.00	738					0.23±0.01		1.32±0.01
14	丁酸乙酯	6.17±0.01	786	1.74±0.02	1.64±0.01	2.69±0.02				
15	2-甲基丁酸乙酯	8.32±0.00	835	0.54±0.00	0.49±0.01	0.42±0.02	0.60±0.01	0.40±0.01	0.35±0.01	0.22±0.00

续表

序号	保留时间（min）	化合物名称	RI	热泵烘烤时间（h）						
				总面积百分比（%）						
				5	10	15	20	25	30	35
16	8.56±0.04	异戊酸乙酯	840	0.59±0.01		0.52±0.01	0.67±0.01		0.44±0.02	0.37±0.01
17	12.68±0.00	3-羟基丁酸乙酯	920							0.02±0.00
18	16.5±0.01	己酸乙酯	985	1.28±0.02	0.98±0.02	1.02±0.01	1.70±0.03	1.28±0.01	1.21±0.00	1.24±0.00
19	23.01±0.00	山梨酸乙酯	1083	3.74±0.05	2.86±0.01	3.96±0.02	5.11±0.05	4.93±0.01	3.11±0.01	4.34±0.01
20	27.74±0.00	苯甲酸乙酯	1149	0.62±0.00	0.53±0.00	0.83±0.01	1.20±0.00	1.13±0.01	0.72±0.00	1.01±0.00
21	29.83±0.01	羊酸乙酯	1178	0.20±0.00	0.19±0.00	0.20±0.00	0.34±0.01	0.32±0.00	0.26±0.00	0.34±0.00
22	33.88±0.00	壬酸乙酯	1251	0.20±0.01						
23	35.85±0.00	癸酸乙酯	1293	0.04±0.00	0.05±0.00	0.06±0.00	0.10±0.00	0.13±0.01	0.11±0.00	0.14±0.01
24	41.82±0.01	邻苯二甲酸二异丁酯	1824					0.04±0.00	0.04±0.00	0.04±0.00
25	44.9±0.02	油酸甲酯							0.02±0.00	0.02±0.00
	合计	13 种		8.96±0.09	6.74±0.05	9.70±0.08	9.72±0.09	8.46±0.06	6.23±0.09	9.06±0.08
烃类										
26	4.87±0.00	甲苯	745			0.08±0.00		0.10±0.00	0.07±0.00	0.07±0.00
27	9.15±0.01	对二甲苯	852						0.05±0.00	0.02±0.00
28	9.18±0.01	邻二甲苯	853							0.04±0.00
29	11.19±0.01	Oxime-, methoxy-phenyl- 甲基苯 Bicyclo[3.1.0]hex ane, 4-methyl-1-(1-methylethyl)-, 己烷	894			0.2±0.01			1.19±0.02	
30	12.06±0.01		910						0.37±0.01	

续表

序号	保留时间 (min)	化合物名称	RI	热泵烘烤时间 (h) 总面积百分比 (%)						
				5	10	15	20	25	30	35
31	12.07±0.00	3-Thujene3-芒烯	910			0.17±0.00		0.19±0.00		0.18±0.00
32	12.39±0.00	A-蒎烯	915	0.42±0.01	0.32±0.01	0.12±0.00	0.18±0.00	0.44±0.01	0.17±0.00	0.17±0.00
33	14.63±0.00	侧柏烯	953	0.43±0.01	0.26±0.01	0.26±0.01		0.32±0.02		0.23±0.00
34	14.64±0.00	3-亚甲基-6-(1-甲基乙基)环己烯	953				0.26±0.01			
35	14.84±0.01	beta-蒎烯	957							0.05±0.00
36	15.68±0.00	Heptane,2,2,4,6,6-pentamethyl-噻吩基庚烷	971	4.92±0.05		5.09±0.06				
37	15.79±0.00	月桂烯	973						1.18±0.01	1.58±0.04
38	16.7±0.00	α-水芹烯	988	0.34±0.00						
39	17.38±0.00	α-萜品烯	1000	0.25±0.01	0.22±0.00	0.20±0.00		0.19±0.00		0.16±0.00
40	17.38±0.03	蒈烯-4	1000						0.19±0.00	0.24±0.00
41	17.9±0.00	邻异丙基甲苯	1008	0.58±0.01	0.38±0.01	0.31±0.01	0.37±0.01	0.89±0.01	0.38±0.01	0.85±0.01
42	18.19±0.00	D-柠檬烯	1012	8.42±0.10	3.17±0.09	18.88±0.13	16.66±0.12	8.63±0.09	24.74±0.08	24.46±0.09
43	18.8±0.01	3-蒈烯	1021	0.25±0.00	0.08±0.00					
44	18.8±0.00	3,7-二甲基-1,3,6-三辛烯	1021					0.22±0.00		
45	20.12±0.00	1,4-萜二烯	1040	0.98±0.00		0.61±0.00		0.80±0.05	0.48±0.00	0.50±0.01
46	21.23±0.00	环芋烷	1057							0.07±0.00
47	21.89±0.01	萜品油烯	1066					0.20±0.00	0.14±0.00	

续表

序号	保留时间 (min)	化合物名称	RI	热泵烘烤时间 (h) 总面积百分比 (%)						
				5	10	15	20	25	30	35
48	33.56±0.00	1-甲氧基-4-丙烯基苯	1245	0.72±0.00	0.58±0.00	0.53±0.02	0.59±0.03	0.97±0.03	0.43±0.01	0.59±0.01
49	33.72±0.01	2-甲基萘	1248					0.06±0.00		0.04±0.00
50	35.5±0.02	α-蒎烯	1286	0.01±0.00						
51	35.94±0.01	正十四烷	1295							0.02±0.00
52	37.37±0.02	二十七烷	1488							0.01±0.00
	合计	27种		17.33±0.12	5.64±0.10	26.48±0.14	18.73±0.10	13.02±0.09	29.40±0.13	29.28±0.12
醛类										
53	6.18±0.01	正己醛	786				6.32±0.09	8.29±0.13	10.74±0.08	11.92±0.09
54	10.93±0.00	庚醛	888					0.67±0.00	0.84±0.01	0.85±0.02
55	13.84±0.00	2-庚烯醛	940					0.16±0.00	0.28±0.00	0.30±0.00
56	13.98±0.00	苯甲醛	942						0.10±0.00	0.07±0.00
57	16.72±0.01	正辛醛	989							0.53±0.00
58	19.17±0.00	苯乙醛	1026	1.81±0.03	1.19±0.01	0.78±0.01	0.34±0.00	0.66±0.00	0.23±0.00	0.12±0.00
59	23.46±0.00	壬醛	1089	0.98±0.01	0.40±0.00	1.33±0.03	1.62±0.02	1.04±0.01	0.79±0.00	1.15±0.00
60	34.39±0.01	2,4-癸二烯醛	1262							0.01±0.00
	合计	8种		2.80±0.04	1.58±0.01	2.11±0.04	8.28±0.08	10.82±0.12	12.10±0.13	15.00±0.14
酮类										
61	22.06±0.02	1,3,3-三甲基-二环[2.2.1]庚-2-酮	1069			0.23±0.00	0.40±0.00	0.72±0.01	0.19±0.00	0.30±0.00

续表

序号	保留时间（min）	化合物名称	RI	热泵烘烤时间（h）总面积百分比（%）						
				5	10	15	20	25	30	35
62	28.75±0.02	2-Cyclohexen-1-one,4-(1-methylethyl)1-甲基乙基-2-环己烯-1-酮	1163	0.55±0.00						0.04±0.00
63	32.51±0.01	3甲基-6-(1-甲基乙基)-2-环己烯-1-酮	1222	0.27±0.00	0.19±0.00	0.25±0.01	0.23±0.00	0.22±0.00	0.20±0.00	0.25±0.00
合计		3种		0.83±0.00	0.19±0.00	0.48±0.01	0.62±0.00	0.94±0.01	0.39±0.00	0.59±0.00
醚类										
64	29.65±0.02	4-烯丙基苯甲醚	1175	0.11±0.00	0.07±0.00			0.12±0.00		0.07±0.00
含氮										
65	8.58±0.00	2-Phenyl-5-methylindole,2-甲基-5甲基吲哚	840		0.49±0.00					
酸类										
66	34.8±0.00	2-Oxabicyclo[2.2.2]octan-6-ol,1,3,3-trimethyl-,acetate 乙酸	1271							0.01±0.00
总计				29	25	30	26	39	42	54
总峰面积				81.23±1.1	61.74±1.0	88.66±1.2	98.39±1.0	78.50±0.9	95.96±0.8	89.10±1.1

表 4.2　热风烘烤广式腊肉过程中挥发性风味物质的变化

序号	保留时间(min)	化合物名称	RI	热风烘烤时间(h) 总面积百分比(%)						
				5	10	15	20	25	30	35
醇类										
1	1.54±0.00	乙醇		36.14±0.11	44.88±0.18	43.79±0.12	42.08±0.09	55.94±0.17	32.87±0.05	35.92±0.08
2	4.03±0.00	异戊醇	718	4.52±0.04	3.67±0.04	3.61±0.03	3.65±0.01	2.82±0.02	3.05±0.01	2.98±0.02
3	4.16±0.01	2-甲基-1-丁醇	722	4.19±0.08	3.42±0.06	3.18±0.03	2.65±0.02	2.30±0.01	2.41±0.01	0.47±0.01
4	5.63±0.00	2,3-丁二醇	769	0.38±0.01	0.64±0.01	0.66±0.01	0.54±0.01	0.54±0.01	1.19±0.02	
5	18.36±0.02	桉叶油醇	1014	7.68±0.11	8.00±0.13	8.34±0.12	4.68±0.09	5.10±0.07	5.95±0.08	3.82±0.05
6	20.95±0.01	β-松油醇	1052	0.72±0.02	0.83±0.02	0.95±0.01		0.35±0.01	0.55±0.01	
7	23.8±0.03	苯乙醇	1094	0.53±0.01	1.01±0.05	0.64±0.03	0.44±0.02	0.34±0.01	0.58±0.03	0.29±0.01
8	28.39±0.00	4-萜烯醇	1158	0.59±0.04	0.70±0.05	0.80±0.06	0.34±0.01	0.30±0.01	0.56±0.01	0.17±0.01
9	29.47±0.02	a-松油醇	1173	0.23±0.01	0.29±0.01			0.10±0.00	0.22±0.01	0.06±0.00
合计		9种		54.98±0.18	63.43±0.16	61.97±0.15	54.38±0.11	67.79±0.19	47.38±0.11	43.69±0.12
酯类										
10	4.66±0.00	异丁酸乙酯	738	0.24±0.01	0.22±0.01	0.31±0.01	0.25±0.01	0.25±0.01	0.25±0.01	0.19±0.01
11	6.17±0.00	丁酸乙酯	786	1.79±0.03	2.76±0.01	2.76±0.02	3.04±0.01	2.81±0.02	2.35±0.01	
12	8.32±0.01	2-甲基丁酸乙酯	835	0.48±0.00	0.65±0.01	0.85±0.01	0.60±0.00	0.61±0.01	0.48±0.00	0.38±0.00
13	8.56±0.02	异戊酸乙酯	840	0.76±0.01	1.07±0.01	1.38±0.02	0.94±0.01	0.94±0.01	0.61±0.00	0.61±0.00
14	16.5±0.03	己酸乙酯	985	0.85±0.01	1.27±0.01	1.55±0.03	1.07±0.02	1.01±0.00	1.16±0.04	0.80±0.02
15	23.01±0.00	山梨酸乙酯	1083	3.82±0.09	5.59±0.07	6.24±0.08	3.78±0.05	3.86±0.04	5.22±0.02	2.68±0.02
16	27.74±0.00	苯甲酸乙酯	1149	0.77±0.02	1.13±0.02	1.39±0.01	0.96±0.01	0.95±0.01	1.39±0.02	0.67±0.01

续表

序号	保留时间 (min)	化合物名称	RI	总面积百分比（%）热风烘烤时间（h）						
				5	10	15	20	25	30	35
17	29.83±0.00	辛酸乙酯	1178	0.14±0.00	0.23±0.01	0.30±0.02	0.25±0.02	0.17±0.01	0.23±0.01	0.18±0.01
18	35.85±0.00	癸酸乙酯	1293	0.04±0.00	0.06±0.00	0.08±0.01	0.10±0.01	0.05±0.00	0.11±0.01	0.06±0.00
19	44.9±0.00	油酸甲酯					0.04±0.00		0.02±0.00	0.10±0.00
合计		10种		8.88±0.04	11.77±0.09	14.87±0.06	11.02±0.03	10.64±0.03	11.22±0.04	5.68±0.02
烃类										
20	4.87±0.01	甲苯	745	0.18±0.01	0.17±0.01	0.14±0.01	0.07±0.02		0.11±0.01	0.08±0.01
21	9.15±0.03	对二甲苯	852	0.01±0.00	0.07±0.00	0.08±0.01			0.04±0.00	
22	11.19±0.00	Oxime-,methoxy-phenyl-甲基苯_	894	0.07±0.00	0.32±0.01			0.28±0.01		
23	12.06±0.00	Bicyclo[3.1.0]hexane,4-methyl-1-(1-methylethyl)-,己烷.	910				0.11±0.01		0.15±0.01	
24	12.07±0.01	3-Thujene3-苫烯	910	0.24±0.01	0.24±0.01	0.32±0.02		0.07±0.00		
25	12.39±0.00	α 浃烯	915	0.13±0.00	0.26±0.01	0.28±0.01	0.67±0.02	0.12±0.00	0.16±0.00	0.06±0.00
26	14.63±0.00	Sabenene 烯烃	953	0.22±0.01	0.25±0.01			0.12±0.01		0.07±0.00
27	14.64±0.02	3-亚甲基-6-(1-甲基乙基)环己烯	953				0.19±0.00			
28	14.84±0.00	beta-浃烯	957				0.06±0.00			

续表

序号	保留时间（min）	化合物名称	RI	热风烘烤时间（h）						
				总面积百分比（%）						
				5	10	15	20	25	30	35
29	15.79±0.00	月桂烯	973						0.43±0.01	0.31±0.01
30	17.38±0.00	α-萜品烯	1000	0.16±0.01	0.18±0.01		0.12±0.00	0.07±0.00	0.19±0.01	0.06±0.00
31	17.38±0.02	(+)-4-蒈烯	1000			0.19±0.01				
32	17.9±0.01	邻异丙基甲苯	1008	0.27±0.01	0.25±0.01	0.21±0.01	0.26±0.01	0.08±0.00	0.71±0.01	0.08±0.00
33	18.19±0.00	D-柠檬烯	1012	2.45±0.07	4.68±0.09	2.65±0.08	6.32±0.10	6.48±0.09	19.20±0.15	15.96±0.11
34	20.12±0.01	1,4-萜二烯	1040	0.40±0.01	0.61±0.01	0.49±0.01	0.37±0.01	0.25±0.00	0.60±0.01	0.19±0.01
35	21.88±0.01	2-Carene,2-蒈烯							0.19±0.01	0.05±0.00
36	21.89±0.00	萜品油烯	1066	0.11±0.00	0.16±0.01					
37	33.56±0.02	1-甲氧基-4-丙烯基苯	1245	0.42±0.03	0.49±0.03	0.56±0.03	0.60±0.03	0.31±0.01	0.64±0.02	0.22±0.01
38	33.72±0.01	2-甲基萘	1248				0.06±0.00			
39	35.94±0.00	正十四烷	1295						0.02±0.00	
合计		20 种		4.68±0.14	7.69±0.13	4.98±0.14	8.75±0.15	7.79±0.11	22.46±0.16	17.09±0.13
醛类										
40	13.98±0.02	苯甲醛	942	0.04±0.00	0.07±0.00		0.07±0.00		0.20±0.01	
41	16.72±0.02	正辛醛	989							0.39±0.01
42	19.17±0.01	苯乙醛	1026	0.54±0.02	0.43±0.01	0.39±0.01	0.24±0.00	0.13±0.00	0.20±0.01	0.10±0.00

续表

序号	保留时间 (min)	化合物名称	RI	热风烘烤时间 (h) 总面积百分比 (%)						
				5	10	15	20	25	30	35
43	23.46±0.00	壬醛	1089	0.65±0.03	0.97±0.03	1.26±0.05	0.92±0.04	0.65±0.02	0.78±0.01	1.30±0.04
		合计 4 种		1.22±0.07	1.49±0.06	1.66±0.05	1.24±0.07	0.78±0.05	1.20±0.06	1.79±0.08
酮类										
44	22.07±0.03	1,3,3-三甲基-二环[2.2.1]庚-2-酮 2-Cyclohexen-1-one,4-(1-methylethyl)-1-甲基乙基)-1-甲基环己烯-1-酮	1069	0.20±0.01	0.20±0.01	0.23±0.01		0.13±0.00	0.29±0.01	
45	28.75±0.02		1163	0.05±0.00	0.06±0.00	0.10±0.00			0.06±0.00	
46	32.51±0.01	3甲基-6-(1-甲基乙基)-2-环己烯-1-酮	1222	0.19±0.01	0.25±0.01	0.30±0.01	0.18±0.01	0.10±0.00	0.24±0.00	0.07±0.00
		合计 3 种		0.44±0.02	0.52±0.03	0.62±0.03	0.53±0.04	0.23±0.02	0.59±0.02	0.07±0.00
醚类										
47	29.65±0.00	4-烯丙基苯甲醚	1175			0.08±0.00	0.06±0.00		0.07±0.00	
酸类										
48	34.8±0.01	2-Oxabicyclo[2.2.2]octan-6-ol,1,3,3-trimethyl-, acetate	1271						0.02±0.00	
		总计		36	36	32	32	32	38	30
		总峰面积		70.21±1.2	84.90±1.0	84.18±1.1	76.30±0.9	87.23±1.1	83.57±1.2	68.32±1.0

由图 4.2 可知，除了烘烤 10 h 和 25 h 外，在其余的烘烤阶段，热泵烘烤的广式腊肉挥发性化合物相对总含量都高于热风制品。在烘烤终点，热泵制品的挥发性化合物相对总含量（89.10%）远高于热风制品（68.32%），热泵制品挥发性化合物种类（54 种）也远多于热风制品（30 种）。

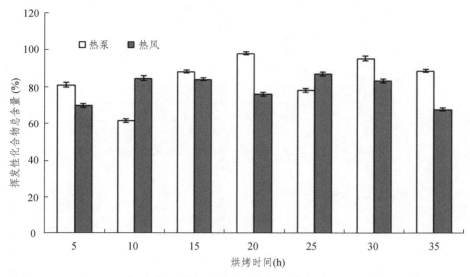

图 4.2　广式腊肉烘烤过程中挥发性化合物总含量的变化

4.2.2　醇类化合物的变化

醇类化合物是广式腊肉挥发性化合物中含量最高的一类物质，被检出的醇类物质主要是乙醇，含量较高，其变化与醇类物质含量变化一致。热泵烘烤产品的醇类物质含量在 34.99% ~ 61.12%之间变化，乙醇含量在 22.30% ~ 44.52%之间变化；热风烘烤产品的醇类物质含量在 43.69% ~ 67.79%之间变化，乙醇含量在 32.87% ~ 55.94%之间变化。图 4.3 显示醇类物质相对含量在整个烘烤过程中有波动，但整体呈下降趋势。

热泵烘烤广式腊肉过程中，共检出 12 种醇类化合物，且在最后检测点都有检出，其中乙醇、苯乙醇、4-萜烯醇在每个检测点都有检出；热风烘烤广式腊肉过程中，共检出 9 种醇类化合物，其中乙醇、异戊醇、2,3-丁二醇、桉叶油醇、苯乙醇、4-萜烯醇在每个检测点均有检出，乙醇、异戊醇、

2,3-丁二醇、桉叶油醇、苯乙醇、4-萜烯醇、a-松油醇在最后检测点有检出。除乙醇外，其他醇类化合物在最后检测点的相对含量是热泵产品（12.69%）高于热风产品（7.77%）。

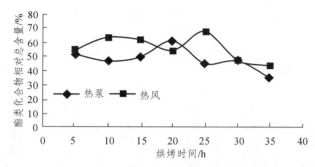

图 4.3　广式腊肉烘烤过程中醇类化合物的变化

4.2.3　酯类化合物的变化

由图 4.4 可以看出，热泵烘烤广式腊肉过程中，酯类物质相对含量有升有降，整体呈上升趋势，在 6.23% ~ 9.72% 之间变化，在最后烘烤检测点达到较高值 9.06%；热风烘烤广式腊肉过程中，前 15 h，酯类物质相对含量呈直线上升趋势，并达到最大值 14.87%，说明在此阶段脂肪氧化速度加快，产生大量的醇、酸等，酯类物质大量生成，在之后的烘烤阶段中，酯类物质相对含量呈下降趋势，在最后烘烤检测点降到最低值 5.68%。

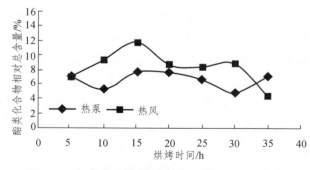

图 4.4　广式腊肉烘烤过程中酯类化合物的变化

表 4.1、4.2 分别显示了广式腊肉在热泵、热风烘烤过程中各取样点的酯类化合物种类及相对含量。结果显示，在热泵烘烤过程中，共有 13 种酯

类化合物被检测出来，它们分别是丁酸乙酯、异丁酸乙酯、2-甲基丁酸乙酯、异戊酸乙酯、3-羟基丁酸乙酯、己酸乙酯、山梨酸乙酯、苯甲酸乙酯、辛酸乙酯、壬酸乙酯、邻苯二甲酸二异丁酯、癸酸乙酯和油酸甲酯，其中，2-甲基丁酸乙酯、己酸乙酯、山梨酸乙酯、苯甲酸乙酯、辛酸乙酯、癸酸乙酯在每个取样点均有检出，除丁酸乙酯和壬酸乙酯外，其他 11 种酯类化合物在最后检测点都有检出。在热风烘烤过程中，共有 10 种酯类化合物被检测出来，它们分别是丁酸乙酯、异丁酸乙酯、2-甲基丁酸乙酯、异戊酸乙酯、己酸乙酯、山梨酸乙酯、苯甲酸乙酯、辛酸乙酯、癸酸乙酯和油酸甲酯，其中，异丁酸乙酯、2-甲基丁酸乙酯、己酸乙酯、山梨酸乙酯、苯甲酸乙酯、辛酸乙酯、癸酸乙酯在每个取样点均有检出，除丁酸乙酯外，其他 9 种酯类化合物在最后检测点都有检出。

　　肉制品的酯类化合物主要来自醇和酸之间的酯化作用（Monica，1997）。酒是广式腊肉配方中重要的辅料之一，添加量在 2.0% 左右，为广式腊肉风味形成提供了比较充足的酯类前体物质；同时，脂肪在烘烤过程中逐渐氧化和水解，产生大量游离脂肪酸，过氧化物降解初级产物烷氧基自由基能和另外一个脂肪分子反应产生醇。短链的酸如丁酸和己酸可能是来自中性脂肪和磷脂的降解（Mari-iose et al，1993），或是氨基酸脱氨反应和微生物代谢的产物。

4.2.4　烃类化合物的变化

　　由图 4.5 可以看出，烃类化合物的含量在整个热泵、热风烘烤过程中有升有降，整体呈上升趋势。热泵烘烤过程中烃类化合物含量几乎呈波浪式

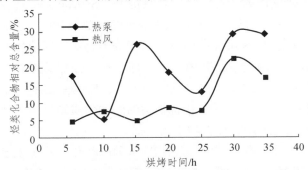

图 4.5 广式腊肉烘烤过程中烃类化合物的变化

增加，升降幅度大，相对含量在 5.64% ~ 29.40%之间变化，烘烤后期含量达到最高；热风烘烤过程中，烃类物质的相对含量在 4.68% ~ 22.46%之间变化，前 25 h 烃类化合物含量呈波动增加，但增加幅度较小，25 h 与 30 h 之间含量迅速增加并达到最大，之后有所降低。

检测出的广式腊肉挥发性烃类物质是以 C_7-C_{27} 为主的直链和支链烷烃，包括 2,2,4,6,6-噻吩基庚烷、甲苯、邻异丙基甲苯、1,4-萜二烯、1-甲氧基-4-丙烯基苯、莒烯、蒎烯、D-柠檬烯、辛烷、十四烷、二十七烷等。热泵烘烤产品中，蒎烯、D-柠檬烯、1-甲氧基-4-丙烯基苯和邻异丙基甲苯在每个取样点都有检出，含量最高的是 D-柠檬烯，其变化与烃类总含量变化一致，含量次之的是 1-甲氧基-4-丙烯基苯和邻异丙基甲苯，分别在 0.43% ~ 0.97%和 0.31% ~ 0.89%之间变化；热风烘烤产品中，1-甲氧基-4-丙烯基苯、邻异丙基甲苯、D-柠檬烯、1.4-萜二烯、α-蒎烯在每个取样点都有检出，含量最高的是 D-柠檬烯，其变化与烃类总含量变化一致，含量次之的是 1-甲氧基-4-丙烯基苯和邻异丙基甲苯，分别在 0.22% ~ 0.64%和 0.08% ~ 0.71%之间变化。

4.2.5 羰基类及其他化合物的变化

除了醇类化合物、烃类化合物和酯类化合物，广式腊肉的挥发性成分还有羰基化合物（主要是醛、酮）、酸类化合物和醚类化合物等。已有研究结果显示，羰基化合物是肉制品风味成分中十分重要的风味物质（郇延军等，2004）。饱和醛和不饱和醛是酯类氧化分解的主要产物，也可以是酯类的非加热和氧化反应的产物，特别是直链醛（Ssnchez-penz，2004），如己醛来自亚油酸的氧化分解，2,4-癸二烯醛是亚油酸氧化的产物；大多数支链醛则是由于氨基酸的 Strecker 降解。由于醛类物质的阈值较低，所以它对肉类的风味有一定的贡献，其中，癸二烯醛具有强烈的青香气味和油炸食品的气息，苯甲醛呈浓重苦杏仁香气和焦味，己醛呈生的油脂和青草及苹果香味（刘士健，2005）。羰基化合物中的酮类物质则是醛类物质进一步氧化的产物，同时还可能有烃类物质的生成。

热泵烘烤广式腊肉过程中，共检出 8 种醛类化合物（正己醛、庚醛、2-庚烯醛、苯甲醛、正辛醛、苯乙醛、壬醛、2,4-癸二烯醛），且在最后检出点都有检出，相对含量在 1.58%～15.00%之间变化。如图 4.6 所示，烘烤前 15 h，醛类化合物相对含量呈缓慢下降趋势，在此之后的烘烤阶段，醛类化合物相对含量几乎呈直线上升，在最后检测点达到最高值 15.00%。热风烘烤广式腊肉过程中，共检出 4 种醛类化合物（苯甲醛、正辛醛、苯乙醛、壬醛），其中在最后检测点检出 3 种醛类化合物（正辛醛、苯乙醛、壬醛），相对含量在 0.78%～1.79%之间变化。

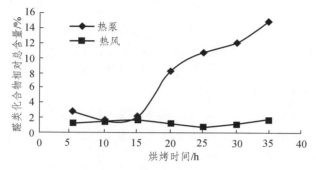

图 4.6 广式腊肉烘烤过程中醛类化合物的变化

热泵烘烤广式腊肉过程中，共检出 3 种酮类化合物，且在最后检出点都有检出，相对含量在整个烘烤过程中有升有降（见图 4.7），在 0.19%～0.94%之间波动变化，在最后检测点检出的相对含量为 0.59%。热风烘烤广式腊肉过程中，也检出 3 种酮类化合物，其中在最后检测点只检出 1 种酮类化合物，相对含量在整个烘烤过程中有升有降，在 0.07%～0.62%之间变化，在最后检测点降到最低值 0.06%。

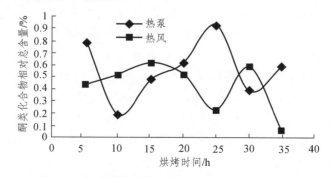

图 4.7 广式腊肉烘烤过程中酮类化合物的变化

从各取样点检测的 TBA 值的变化情况来看，热泵产品的 TBA 值高于热风产品，同样热泵产品的醛类化合物含量（15.00%）也高于热风产品（1.79%）。

4.3 小结

大量研究发现，肉类的复杂风味体系都是由具有滋味和香味活性的成分组成的（Donald，1998）。肉类制品中的挥发性风味物质决定着肉类的风味特征。国外的一些研究者通过减压蒸馏或动态顶空分析对西班牙 Serrano 和 Iberian、意大利 Purma 和法国 Bayonne 等干腌火腿中挥发性化合物进行了鉴定，大约有 261 种化合物被检出。

国内外许多研究证实，肉类香味的形成主要是肉类中的前体物质（如氨基酸、肽、核酸、糖类、类脂和维生素等）经过一系列变化，形成的挥发性与非挥发性化合物（唐琳等，1996；杨龙江等，2001），其中大量的化合物来自脂类物质的氧化（Andres et al，2005；Buscailhon et al，1993），这些由脂类物质氧化产生的风味成分有直链的醛、烷烯烃、酮、醇和烷基呋喃，其中 5 个碳原子以上的直链醛、醇和酮是典型的脂肪氧化产物（Berdague et al，1991）。另外，有些风味物质来自蛋白质、氨基酸的降解，与氨基酸降解有关的一个重要反应为 Strecher 降解反应，支链氨基酸降解会产生支链羰基化合物和醇，如甲基丙醛、甲基丁醛和甲基丁醇（Buscailhon et al，1993）。

试验中检测出广式腊肉的挥发性风味主要是一些醇类、醛类、烃类、酯类、酮类，而含氧、含氮、含硫等的杂环化合物则较少。

醇类可能是由脂肪酸的二级氢过氧化物的分解（Tanchotikul et al，1989）、脂质氧化酶对脂肪酸的作用（Suzuki et al，1990）、脂肪的氧化分解生成或由羰基化合物还原生成（Pan et al，1994），脱氢酶也可以将由脂肪酸和氨基酸生成的醛还原成相应的醇（Germana et al，1992）。

醇类化合物的感觉阈值比其他羰基化合物较高，对肉制品风味贡献不大。已经证明，直链的一级醇相对来说是无风味的，但随着碳链的增长，风味增强，产生出清香、木香、脂肪香的特征（Shahidi，1986）。但不饱和醇阈值较低，具有蘑菇味和类似金属味（章建浩等，2003），对肉制品香味的形成具有一定的作用。本试验中检测出的醇类主要有：乙醇、异戊醇、2-甲基-1-丁醇、正戊醇、2,3-丁二醇、正己醇、1-辛烯-3-醇、桉叶油醇、苯乙醇、4-萜烯醇、α-松油醇、β-松油醇。其中，乙醇、异戊醇虽然相对含量较高，但由于感觉阈值较高，对广式腊肉风味的影响不大；而2,3-丁二醇、正己醇、1-辛烯-3-醇、苯甲醇、苯乙醇可能对广式腊肉风味有影响。有研究证明，α-松油醇具有木香，苯乙醇具有木香、风信子、樟脑和栀子香气；1-辛烯-3-醇感觉阈值（1ug/kg）很低，具有浓郁的蘑菇香气，对广式腊肉风味影响较大。热泵烘烤的广式腊肉，在最后检测点有检出1-辛烯-3-醇，而在整个热风烘烤广式腊肉过程中都没有检测到1-辛烯-3-醇。

　　烃类物质一般是由于脂肪的氧化形成的，各种烷烃具有较高芳香阈值，对整体风味的贡献很小，但有些支链烷烃会是例外。ShahidiF 等（2001）研究表明，2,6,10,14-四甲基十五烷，它能贡献一种清香和甜香。在 Serrano 火腿中，间位或对位二甲苯产生烟熏酚香，而邻二甲苯产生甜果糖风味。在热泵烘烤的成品腊肉中有检测到对二甲苯和邻二甲苯，而热风烘烤的成品腊肉中没有检出。另外，还检测出甲苯、邻异丙基甲苯、1-甲氧基-4-丙烯基苯等物质，这与孙为正（2011）测定广式腊肉风味物质所得的结果相似。

　　酮也是通过脂质的氧化产生的，不饱和酮是造成动物和蔬菜脂肪中特征性风味标志的原因（Flores et al，1998）。成熟香肠中共检测出2种酮，3-羟基-2-丁酮赋予熟肉以黄油的特性（Shahidi，1986），可能产生于2-乙酰乳酸的脱羧基反应的副产物，2-乙酰乳酸可能形成于由缬氨酸和亮氨酸的生物合成途径中的中间产物——2个丙酮酸分子进行的缩合反应（Germana et al，1992）。缬氨酸、异亮氨酸、亮氨酸等被降解产生2-甲基丁醛、3甲基丁醛、异丁醛、异戊醛等，这些醛可进一步氧化成羧酸或还原形成醇类（Shahidi，2001）。

　　醛是干腌火腿挥发性风味物质中最为丰富的一类物质，其感觉阈值较低，赋予火腿清香、果香和坚果香风味。Buscailho 等（1993）研究发现，干腌火腿中的醛类化合物可能与火腿以及腌制肉制品的特征风味有关。Carer 等（1993）也曾报道多数醛是由不饱和脂肪酸氧化产生的，由于醛风味阈值低及在脂质氧化中生成速度快，因此它们是形成干腌火腿中特征风味的贡献因素。直链的烷醛、烯醛和二烯醛由多不饱和脂肪酸如亚油酸、亚麻酸和花生四烯酸等氧化形成的氢过氧化物的裂解而产生。己醛由亚油酸的氧化分解生成，它赋予肉制品一种不愉快的、腐败的辛辣风味。有文献报道，在脂类的低温氧化过程中会有大量的己醛产生（Germana et al，1992），己醛的阈值较低为 4.5×10^{-9} g/mL（Mani，1999）。2-庚烯醛的感觉阈值也较低（13 ug/kg）（李大婧等，2011）。壬醛、辛醛、庚醛和庚烯醛为干腌火腿添加一个高度愉快的甜味或果香风味特征，并有较低的风味阈值，对火腿的风味有重要贡献。因此，本试验检测出的庚醛、己醛、2-庚烯醛、辛醛、2,4 癸二烯醛均对广式腊肉的固有风味产生重要影响。在热泵烘烤的广式腊肉过程中的最后检测点，庚醛、己醛、2-庚烯醛、辛醛、2,4 癸二烯醛均有检出。在热风烘烤的广式腊肉过程中的最后检测点，只检出辛醛。

酯是由在肌肉组织中脂肪氧化产生的醇和游离脂肪酸之间的相互作用形成的（Shahidi，1986），此外，微生物也可能参与了酯类的形成。酯类可贡献一种甜的果香，作为代表成熟肉制品风味，对火腿风味特征有较大贡献。宋焕禄（2006）指出，一些酯类在金华火腿香气中占重要地位，其中己酸乙酯最为重要，它赋予金华火腿诱人的水果香气味。Baines 等（1984）报道了以碳链长为 1-10 的酸生成的酯会赋予猪肉一种果香甜味，而由长链脂肪酸产生的酯在牛肉中产生一种更具酯香特征的风味。在 serrano 干腌火腿的顶空物质中发现，由碳链为 1-10 的酸所产生的酯产生果香和甜香蕉(丁酸甲酯)香味。对风味有贡献的酯类，在热泵烘烤广式腊肉中检测到的有10 种，分别为丁酸乙酯、异丁酸乙酯、2-甲基丁酸乙酯、异戊酸乙酯、3-羟基丁酸乙酯、己酸乙酯、辛酸乙酯、壬酸乙酯、邻苯二甲酸二异丁酯和癸酸乙酯；在热风烘烤广式腊肉中检测到的有 7 种，分别为丁酸乙酯、异丁酸乙酯、2-甲基丁酸乙酯、异戊酸乙酯、己酸乙酯、辛酸乙酯和癸酸乙酯。其中对风味形成最为重要的是己酸乙酯，在热泵烘烤广式腊肉的最后阶段其相对含量为 1.24%，高于其在热风烘烤广式腊肉的最后阶段相对含量（0.80%）。

5 热风和热泵干燥工艺对广式腊肉主要滋味物质的影响

应用热风和热泵两种干燥方式分别制作广式腊肉，动态取样监测广式腊肉在烘烤过程中的主要滋味物质：游离脂肪酸和游离氨基酸的变化情况，初步探究热风和热泵这两种干燥方式对广式腊肉滋味的影响。

5.1 材料与方法

5.1.1 试验材料

实验室自制广式腊肉：不带奶脯的肋条肉，切成宽 1.5 cm、长 33 ~ 38 cm 的条状，宽度均匀，刀工整齐，厚薄一致，皮上无毛，无伤斑。食盐、白糖、白酒、生抽、老抽、八角、茴香、桂皮等购于超市。

5.1.2 试验试剂

氯化钠、氯化钙，分析纯；氯仿、甲醇、丙酮、正己烷，Fisher 公司，色谱纯。

5.1.3 试验仪器

QS503A 食物切碎机，广州威尔宝设备有限公司；BS124S 分析天平，赛多利斯科学仪器有限公司；DHG-9240A 型电热恒温鼓风干燥箱，上海精宏试验设备有限公司；TDL-5-A 台式离心机，长沙湘智离心机仪器有限公司；HWS26 型电热恒温水浴锅，上海一恒科学仪器有限公司；GHRH-20

型热泵干燥机（采用 R134a 冷媒、PLC+触摸屏控制、电辅助加热升温方式，干燥腔最高温可达 65 °C，见图 8.1），广东省农业机械研究所；固相微萃取用手柄、50/30 μmDVB/CAR/PDMS 萃取纤维头，美国 SUPELCO 公司；PH6890GC/5975MS 气相色谱-质谱联用仪；L-8900 氨基酸分析仪，日本日立公司。

5.1.4　试验方法

5.1.4.1　广式腊肉加工工艺流程

五花肉→腌制（4 °C 下腌制 24 h）→晾挂（1 h）→干燥→冷却→包装→成品。

辅料：白砂糖 8%，盐 3.5%，白酒 2%，生抽 3%，老抽 1.5%，八角、桂皮、花椒、茴香各 0.2%，亚硝酸钠 0.01%。

5.1.4.2　干燥方法

依照工厂生产配方和工艺在实验室自制广式腊肉。

热泵烘烤条件:开机 1 h 后升至 50～52 °C 恒温 2 h,然后升至 54～56 °C 恒温 5 h，然后升至 56～58 °C 恒温 25 h，后降至 50～52 °C 恒温 2 h 后出烘箱。取样：烘烤过程中，每隔 5 h 取一次样品。风速为 1.0 m/s。

热风烘烤条件：开机 1 h 后升至 50～52 °C 恒温 2 h，然后升至 54～56 °C 恒温 5 h（每小时开烘箱门排湿 3～5 min），然后升至 56～58 °C 恒温 25 h，后降至 50～52 °C 恒温 2 h 后出烘箱。取样：每隔 5 h 取一次样品。

5.1.4.3　游离脂肪酸含量的测定

（1）脂质的提取。

参考 Folch 等的方法（1957）。

取 5.0 g 样品切碎，称取 2.0 g 于离心管中，加入 15 ml 氯仿-甲醇混合液，匀浆 60 s，移到带塞的量筒中定容至 40 ml，静置 30 min，过滤除去蛋白、结缔组织，加入 0.22 倍体积的 7.3 mg/L NaCl 和 0.4 mg/LCaCl$_2$ 混合液（使 $V_{氯仿}$：$V_{甲醇}$：$V_{水}$ = 8：4：3，有利于提取脂质），静置 2 h 或 3 000 r/min

离心 15 min，吸净上层液体（水、甲醇、离子等杂质），剩余液体用旋转蒸发器 40 ℃ 水浴真空蒸干，−20 ℃ 贮藏备用。

（2）甲酯化并进行 GC-MS 测定。

参考 Countron-Gambotti（1999）和章建浩（2005）等方法进行甲酯化，不过有所改动。准确称取 50～100 mg 脂肪于带塞三角瓶中，加入 15 ml 丙酮-甲醇溶液（2：1），摇匀，加入 3 ml 甲酯化试剂，盖紧试管塞，再置于 60 ℃ 水浴保温 30 min，充分冷却后打开试管塞加入 2 ml 正己烷、1 ml 蒸馏水，振摇至两相清晰，并在 4 ℃ 下放置过夜，取 1 μl 正己烷层进行气谱分析。

气相色谱检测条件：弹性石英毛细管柱 HP-5（30 m×0.25 mm×0.25 μm），He 流量 1.0 ml/min，不分流进样，进样口温度 250 ℃。起始柱温 180 ℃ 保持 3 min，然后以 3 ℃/min 的升温速度升温到 240 ℃，保持 5 min，然后升温至 270 ℃，保持 5 min。

质谱条件：接口温度 280 ℃，离子源温度 230 ℃，四极杆温度 150 ℃；

离子化方式：电子轰击电离（EI）；电子能量 70 eV，扫描质量范围 45～500 amu。

5.1.4.4　游离氨基酸含量的测定

参考李平兰等（2005）方法，取广式腊肉 1 块→去皮→中药粉碎机粉碎、搅拌均匀→取 1.5 g 样品→加入纯水 30 mL→煮沸 10 min→过滤→冷冻离心（10 000 r/min）→过 0.22 um 虑头→上机测定。

5.1.4.5　数据处理

所有数据采用 SPSS 软件中 *LSD* 法进行显著性差异分析，显著水平 0.05，小写字母不同表示在 $P < 0.05$ 水平上存在显著性差异。

5.2　试验结果

5.2.1　热泵干燥过程中广式腊肉游离脂肪酸分析

表 5.1 显示了广式腊肉在整个热泵烘烤过程中游离脂肪酸组成及其含

量的变化情况。总体来说，在烘烤过程中被检出的游离脂肪酸共有 11 种，且在各检测点均有检出，主要有油酸（46.87%）、棕榈酸（23.14%）、硬脂酸（13.21%）、亚油酸（9.54%）和棕榈油酸（2.17%）。傅樱花等（2006）研究发现，油酸、硬脂酸、棕榈酸、亚麻酸是原料肉的肥肉中主要的游离脂肪酸，硬脂酸和棕榈酸是原料肉的瘦肉中主要的游离脂肪酸。

表 5.1　热泵干燥过程中广式腊肉游离脂肪酸种类及其含量的变化

脂肪酸	热泵干燥时间（h）						
	5	10	15	20	25	30	35
	相对含量（%）						
$C_{14}:0$	0.94±0.03	1.03±0.02	0.98±0.01	1.03±0.00	1.00±0.02	1.00±0.03	1.05±0.02
$C_{16}:0$	21.41±0.13	22.57±0.12	22.67±0.12	22.83±0.12	22.49±0.13	22.32±0.15	23.14±0.16
$C_{16}:1$	2.12±0.06	2.11±0.07	2.16±0.08	2.20±0.06	2.13±0.08	2.09±0.05	2.17±0.06
$C_{17}:0$	0.32±0.01	0.30±0.00	0.27±0.00	0.29±0.01	0.30±0.01	0.32±0.02	0.31±0.00
$C_{18}:0$	11.91±0.12	12.65±0.12	12.85±0.14	12.63±0.13	12.98±0.11	12.43±0.13	13.21±0.12
$C_{18}:1$	46.35±0.15	45.63±0.16	46.64±0.15	47.09±0.17	46.91±0.18	46.04±0.16	46.87±0.17
$C_{18}:2$	10.98±0.12	10.40±0.11	9.56±0.10	10.08±0.12	9.98±0.13	11.00±0.14	9.54±0.12
$C_{18}:3$	0.34±0.02	0.34±0.02	0.31±0.02	0.34±0.02	0.32±0.02	0.37±0.08	0.30±0.02
$C_{20}:0$	0.22±0.02	0.23±0.02	0.24±0.01	0.23±0.01	0.24±0.02	0.22±0.01	0.23±0.01
$C_{20}:1$	1.06±0.02	1.01±0.04	1.07±0.03	1.07±0.04	1.05±0.05	0.97±0.02	1.04±0.03
$C_{20}:2$	0.67±0.02	0.61±0.03	0.59±0.02	0.60±0.02	0.57±0.01	0.63±0.02	0.57±0.01
总量	96.327	96.878	97.334	98.389	97.954	97.396	98.434

注：豆蔻酸 $C_{14}:0$；棕榈酸 $C_{16}:0$；棕榈油酸 $C_{16}:1$；十七酸 $C_{17}:0$；硬脂酸 $C_{18}:0$；油酸 $C_{18}:1$；亚油酸 $C_{18}:2$；亚麻酸 $C_{18}:3$；花生酸 $C_{20}:0$；花生一烯酸 $C_{20}:1$；花生二烯酸 $C_{20}:2$。

热泵烘烤过程中，游离脂肪酸相对总含量有一定程度的波动变化，总体呈增长趋势，在最后阶段达到最大值98.43%，说明随着烘烤时间的延长，腊肉中的游离脂肪酸不断积累，脂肪水解和氧化程度加大，有利于形成风味前体物质。在整个烘烤过程中，饱和脂肪酸呈升高趋势，不饱和脂肪酸呈下降趋势，表明不饱和脂肪酸的生成速度小于分解速度，这主要是由于不饱和脂肪酸更容易被氧化，饱和脂肪酸不发生氧化。

5.2.2　热风干燥过程中广式腊肉游离脂肪酸分析

表 5.2 显示了广式腊肉在整个热风烘烤过程中游离脂肪酸组成及其含量的变化情况。在烘烤过程中被检出的游离脂肪酸共有 11 种，且在各检测点均有检出，主要有油酸（41.57%）、棕榈酸（25.72%）、硬脂酸（14.16%）、亚油酸（10.48%）和棕榈油酸（2.55%）。在整个烘烤过程中，游离脂肪酸相对总含量有一定程度的波动变化，烘烤中期达到最大值，之后逐渐减少，整体来看略有下降。

表 5.2　热风干燥过程中广式腊肉游离脂肪酸种类及其含量的变化

脂肪酸	热风干燥时间（h）						
	5	10	15	20	25	30	35
	相对含量（%）						
$C_{14}:0$	1.26±0.02	1.29±0.04	1.28±0.02	1.24±0.05	1.29±0.06	1.29±0.07	1.26±0.08
$C_{16}:0$	25.78±0.20	25.59±0.25	25.24±0.12	25.75±0.22	25.69±0.15	25.66±0.18	25.71±0.13
$C_{16}:1$	2.14±0.02	2.18±0.04	2.49±0.08	2.45±0.09	2.41±0.06	2.26±0.06	2.55±0.08
$C_{17}:0$	0.18±0.01	0.17±0.00	0.18±0.02	0.16±0.00	0.18±0.00	0.18±0.01	0.16±0.00
$C_{18}:0$	14.31±0.12	14.10±0.09	13.41±0.08	14.42±0.10	14.11±0.12	13.88±0.09	14.15±0.09
$C_{18}:1$	40.60±0.12	40.45±0.15	41.56±0.13	41.80±0.12	40.92±0.16	41.67±0.16	41.57±0.18
$C_{18}:2$	11.69±0.7	11.17±0.09	11.81±0.7	10.93±0.8	11.91±0.7	11.59±0.8	10.48±0.5
$C_{18}:3$	0.45±0.02	0.45±0.00	0.48±0.02	0.43±0.01	0.47±0.00	0.48±0.00	0.43±0.02
$C_{20}:0$	0.27±0.02	0.25±0.00	0.26±0.00	0.28±0.00	0.26±0.01	0.24±0.00	0.26±0.01
$C_{20}:1$	0.70±0.02	0.67±0.00	0.71±0.01	0.73±0.01	0.70±0.02	0.70±0.02	0.70±0.01
$C_{20}:2$	0.52±0.02	0.45±0.02	0.53±0.00	0.49±0.00	0.48±0.01	0.50±0.02	0.44±0.01
总量	97.9	96.778	97.962	98.677	98.424	98.4424	97.712

注：豆蔻酸 $C_{14}:0$；棕榈酸 $C_{16}:0$；棕榈油酸 $C_{16}:1$；十七酸 $C_{17}:0$；硬脂酸 $C_{18}:0$；油酸 $C_{18}:1$；亚油酸 $C_{18}:2$；亚麻酸 $C_{18}:3$；花生酸 $C_{20}:0$；花生一烯酸 $C_{20}:1$；花生二烯酸 $C_{20}:2$。

热风烘烤过程中，在脂质降解形成饱和与不饱和游离脂肪酸的同时，一些游离脂肪酸会进一步降解成小分子物质，同时游离脂肪酸可以与脂质氧化产生的醇反应生成酯，各种因素相互作用的结果导致它们的含量有升有降，其中，饱和脂肪酸含量略有上升，不饱和脂肪酸含量基本上都呈下降趋势，说明不饱和游离脂肪酸降解的速度更快。

5.2.3 广式腊肉烘烤过程中游离氨基酸含量变化

热泵、热风烘烤广式腊肉过程中游离氨基酸含量的变化情况分别如表5.3、表 5.4 所示。由表可知，两种腊肉中游离氨基酸含量较高的依次是谷氨酸（Glu）、丙氨酸（Ala）、亮氨酸（Leu）、甘氨酸（Gly）、赖氨酸（Lys）、缬氨酸（Val）。章建浩等（2004）研究发现，Glu、Ala、Lys 和 Leu 是金华火腿的特征性滋味。热泵烘烤广式腊肉过程中，游离氨基酸总量在烘烤的前 5 h 达到了最大值 384.36 mg/100 g，在 5～10 h 烘烤阶段显著下降，降低到最低值 274.24 mg/100 g，10 h 后又显著上升并较长时间稳定在较小的波动范围内，在烘烤后期达到稳定值 340.99 mg/100 g。这与孙为正（2011）研究广式腊肠在加工过程中游离氨基酸含量变化的趋势相近。烘烤初期与后期相比，只有 Asp 和 Gly 的含量有所增加，其余各游离氨基酸的含量均有所降低，且变化趋势与总量变化趋势相近。

表 5.3 热泵烘烤广式腊肉过程中游离氨基酸含量（mg/100 g 干物质）的变化

游离氨基酸	热泵烘烤时间（h）						
	5	10	15	20	25	30	35
天冬氨酸 Asp	3.09±0.12	2.52±0.11	5.44±0.12	3.92±0.13	3.60±0.09	3.49±0.11	3.98±0.10
苏氨酸 Thr	17.86±0.15	12.75±0.12	15.66±0.16	16.16±0.13	14.91±0.16	16.76±0.13	15.96±0.12
丝氨酸 Ser	21.47±0.12	14.66±0.13	17.80±0.20	18.18±0.11	16.79±0.09	18.22±0.08	17.51±0.12
谷氨酸 Glu	80.28±0.56	60.20±0.45	80.85±0.67	82.55±0.62	74.28±0.34	71.26±0.35	77.31±0.25
甘氨酸 Gly	22.40±0.21	19.19±0.13	22.85±0.15	24.51±0.16	22.39±0.14	23.36±0.16	24.17±0.15
丙氨酸 Ala	62.35±0.23	45.39±0.26	53.46±0.31	59.80±0.32	54.36±0.24	59.93±0.25	58.36±0.26
缬氨酸 Val	22.29±0.09	15.40±0.12	19.10±0.13	20.43±0.13	19.15±0.15	19.77±0.16	19.62±0.17
半胱氨酸 Cys	1.01±0.01	0.00±0.00	0.09±0.00	0.13±0.01	0.12±0.01	0.00±0.00	0.00±0.00

续表

游离 氨基酸	热泵烘烤时间（h）						
	5	10	15	20	25	30	35
蛋氨酸 Met	5.21±0.09	2.00±0.08	1.51±0.07	2.28±0.04	1.71±0.03	0.74±0.01	0.62±0.01
异亮氨酸 Ile	20.07±0.12	13.22±0.09	15.80±0.10	17.43±0.12	16.33±0.13	16.73±0.14	16.12±0.16
亮氨酸 Leu	30.40±0.21	20.79±0.19	24.61±0.18	26.25±0.17	24.53±0.15	25.61±0.20	24.68±0.14
酪氨酸 Tyr	12.53±0.10	8.74±0.09	10.34±0.09	10.44±0.09	9.59±0.08	11.00±0.08	10.53±0.11
苯丙氨酸 Phe	16.67±0.12	11.53±0.09	13.30±0.12	14.44±0.08	13.60±0.08	14.16±0.07	13.71±0.10
鸟氨酸 Orn	2.20±0.01	1.43±0.02	1.94±0.03	1.98±0.07	1.82±0.03	1.74±0.03	1.75±0.04
赖氨酸 Lys	26.78±0.12	18.25±0.13	21.61±0.15	22.29±0.17	20.69±0.11	22.73±0.10	21.84±0.11
组氨酸 His	7.27±0.09	5.23±0.08	6.57±0.07	6.55±0.07	5.66±0.09	6.14±0.08	5.52±0.08
精氨酸 Arg	14.43±0.11	10.20±0.10	12.03±0.11	12.05±0.11	10.84±0.11	13.60±0.12	12.42±0.09
脯氨酸 Pro	17.15±0.10	12.74±0.09	17.35±0.13	17.68±0.12	15.73±0.12	16.01±0.11	16.89±0.13
总量	383.46	274.24	340.31	357.07	326.10	341.25	340.99

热风烘烤广式腊肉过程中，游离氨基酸总量在整个烘烤阶段呈增长趋势，在最后烘烤阶段达到最大值，在 5 ~ 10 h 烘烤阶段有所下降，10 h 后显著上升，20 h 后又显著降低，25 h 时降低到最低值 231.04 mg/100 g，25 h 后直到烘烤结束显著上升至最大值 330.27 mg/100g。烘烤初期与后期相比，除 Asp 含量降低和 Arg 含量没有明显变化外，其余游离氨基酸含量都有不同程度的增加，且变化规律同总量变化规律相近。

表 5.4　热风烘烤广式腊肉过程中游离氨基酸含量（mg/100 g 干物质）的变化

游离 氨基酸	热风烘烤时间（h）						
	5	10	15	20	25	30	35
天冬氨酸 Asp	5.20±0.09	2.88±0.08	3.99±0.09	2.71±0.08	2.64±0.07	5.50±0.10	3.68±0.09
苏氨酸 Thr	12.10±0.11	10.85±0.12	12.06±0.11	12.07±0.12	10.21±0.11	11.63±0.09	14.51±0.15

续表

游离氨基酸	热风烘烤时间（h）						
	5	10	15	20	25	30	35
丝氨酸 Ser	14.58±0.11	13.15±0.12	14.63±0.09	14.42±0.11	12.06±0.12	13.82±0.13	16.88±0.16
谷氨酸 Glu	59.98±0.21	62.07±0.23	72.35±0.26	64.30±0.19	57.22±0.21	74.45±0.18	81.90±0.28
甘氨酸 Gly	14.35±0.09	14.88±0.10	16.60±0.11	17.61±0.12	13.69±0.13	15.37±0.11	20.44±0.15
丙氨酸 Ala	37.39±0.15	38.49±0.16	39.92±0.19	41.22±0.21	35.92±0.15	40.23±0.11	51.06±0.18
缬氨酸 Val	14.22±0.11	13.95±0.12	15.58±0.13	15.36±0.15	13.37±0.15	15.41±0.15	19.01±0.16
半胱氨酸 Cys	0.12±0.00	0.11±0.01	0.10±0.01	0.11±0.00	0.00±0.00	0.00±0.00	0.13±0.01
蛋氨酸 Met	3.29±0.01	3.79±0.05	4.13±0.07	4.13±0.08	1.71±0.01	3.16±0.03	4.24±0.02
异亮氨酸 Ile	12.93±0.11	12.31±0.11	13.50±0.12	13.19±0.14	11.81±0.13	13.71±0.11	16.74±0.15
亮氨酸 Leu	21.55±0.12	18.90±0.13	20.82±0.15	20.67±0.18	17.62±0.13	20.21±0.15	24.91±0.11
酪氨酸 Tyr	8.25±0.11	6.73±0.09	7.77±0.10	8.49±0.09	6.69±0.05	6.75±0.04	9.21±0.09
苯丙氨酸 Phe	12.59±0.09	10.66±0.05	12.04±0.08	12.32±0.07	10.48±0.06	11.20±0.05	14.55±0.11
鸟氨酸 Orn	1.52±0.01	1.49±0.01	1.60±0.02	1.44±0.01	1.27±0.00	1.61±0.00	1.87±0.01
赖氨酸 Lys	19.28±0.11	16.62±0.12	17.86±0.12	18.49±0.12	14.95±0.12	16.20±0.13	20.79±0.16
组氨酸 His	3.37±0.03	3.18±0.04	3.68±0.09	3.94±0.08	2.91±0.08	3.06±0.09	4.21±0.10
精氨酸 Arg	9.80±0.09	7.30±0.08	8.47±0.11	9.54±0.12	6.78±0.11	6.78±0.13	9.76±0.12
脯氨酸 Pro	12.97±0.12	12.32±0.11	14.12±0.12	13.10±0.11	11.71±0.11	15.11±0.12	16.38±0.12
总量	263.49	249.68	279.22	273.11	231.04	274.2	330.27

Cordoba 等（1994）研究发现，Arg、His、Asp 含量在火腿加工后期有所下降，主要是由于此三类氨基酸的特殊结构导致其具有还原能力，在加工过程中易发生美拉德反应而致使后期损失。Beriain 等（2000）发现，salchichon 香肠在加工后期，Pro、Tyr、Val、Met、Cys、Ile 和 Leu 含量均

有所下降，并归因于这些氨基酸参与了风味化合物的生成。Hughes 等（2002）也发现，Ala、Arg、Glu、His 和 Lys 含量在加工后期会显著下降，并将其归因于这些氨基酸被微生物利用而产生风味化合物，因此，广式腊肉烘烤后期游离氨基酸含量的降低可能原因是参与了风味物质的形成。Hughes 等（2002）还发现，接种葡萄球菌的香肠中某些游离氨基酸释放量会增大（如 Ala、Val、Ile、Phe、Tyr、Glu 和 Lys）；Ansorena 等（1998）在干发酵西班牙香肠加工过程中发现，Glu、His、Lys、Ser、Ala、Pro、Val、Met、Ile、Leu 和 Phe 含量升高，尤其是 Asp、Gly、Thr 和 Tyr 在整个加工过程中含量显著升高。这可能是本实验中热泵、热风两种烘烤过程中氨基酸含量的变化并不一致的原因。

另外，产生游离氨基酸的一系列蛋白质降解过程受到诸多因素的影响，包括温度、pH 值、食盐含量、硝酸盐、亚硝酸盐含量等，特别是温度和 pH 值的影响。热泵和热风烘烤广式腊肉的原辅料添加量相同，升温程序相同，但由于热泵干燥热能利用率高，水分散失快，干燥速度快，势必会造成两者在同一时间点的内部环境温度以及 pH 值变化规律有差异。所以，这也可能是本实验中热泵、热风两种烘烤过程中氨基酸的变化并不一致的原因。

5.3 小结

腊肉在加工过程中脂解产生的游离脂肪酸（Free Fatty Acid，FFA）对产品的品质和风味有重要影响：一方面游离脂肪酸的氧化产物对腊肉产品的酸败有促进作用；另一方面游离脂肪酸作为风味前体物质，对腊肉形成特有风味有贡献。有研究发现（Toldra，1998），在干腌火腿中有 260 种挥发性成分，大部分挥发成分来自脂质的自动氧化，6 个碳原子以上的醛来自游离脂肪酸的氧化，游离脂肪酸来自三酯酰甘油及磷脂的水解。脂质的自动氧化遵循游离基反应，与三酯酰甘油和磷脂酯化的脂肪酸由于存在空间位阻，很难与游离基接触发生作用，而从三酯酰甘油和磷脂上游离出的脂肪酸更容易与游离基作用而发生氧化（Flores，1996），因此，在脂肪组分中，游离脂肪酸更容易发生氧化产生挥发性物质，从而认为游离脂肪酸是形成肉制品风味的重要前体物质。研究各种游离脂肪酸组成及其含量的变化情况是研究风味形成机理的基础。

　　热泵和热风烘烤广式腊肉过程中，产生的游离脂肪酸主要为油酸、硬脂酸、棕榈酸和亚油酸。这与傅樱花等人（2006）研究腊肉肥肉和 Coutron-Gambotti 等人（Coutron-Gambotti et al，1999）研究干腌火腿加工过程中皮下脂肪组织中主要的游离脂肪酸组分基本一致。Xiao 等人（2010）研究发现，宣威火腿的主要游离脂肪酸为油酸、亚油酸和棕榈酸，这也与本实验的研究结果相近。热泵和热风烘烤广式腊肉过程中，亚油酸等不饱和脂肪酸含量都有不同程度的下降。亚油酸含量在干腌火腿加工过程中呈下降趋势表明游离脂肪酸已被氧化降解，脂肪组织的水解和氧化对火腿的感官特征有很大的影响，尤其对色泽和风味的形成影响最大（Coutron-Gambotti et al，1999）。

　　腌腊肉制品在成熟过程中，产品内部发生了复杂的生化反应，使得风味独特而浓郁（徐为民等，2005）。蛋白质成分分解为短肽，进而分解为游离氨基酸，高浓度的谷、丙、亮、赖、缬氨酸等对腌腊肉制品最终的特征性风味产生重大影响（Toldra，1998）。从实验结果得知，热泵烘烤腊肉的大部分氨基酸含量高于热风烘烤腊肉，使得热泵烘烤腊肉的滋味较为丰富；谷氨酸（Glu）呈鲜味，丙氨酸（Ala）、甘氨酸（Gly）和缬氨酸（Val）与甜味有关，赖氨酸（Lys）与腊肉熟化滋味有关，亮氨酸（Leu）与苦味有关。成品腊肉谷氨酸（Glu）、丙氨酸（Ala）、甘氨酸（Gly）、赖氨酸（Lys）、亮氨酸（Leu）、缬氨酸（Val）含量较高，对腊肉滋味贡献较大，可认为是广式腊肉的特征性滋味物质，这 6 种氨基酸在热泵烘烤的成品腊肉中含有 225.98 mg/100 g，在热风烘烤的成品腊肉中含有 218.11 mg/100 g；蛋氨酸（Met）、酪氨酸（Tyr）和组氨酸（His）在成品腊肉中的含量较低，但这些氨基酸的呈味阈值很低，对腊肉的滋味同样有重要作用（章建浩等，2004）。Careri 等（1993）研究发现，干腌火腿中赖氨酸和酪氨酸与火腿熟化滋味相关，色氨酸、谷氨酸对咸味有作用，苯丙氨酸和异亮氨酸对酸味有作用。Shahidi（2001）认为，色氨酸、天冬氨酸、蛋氨酸、异亮氨酸、亮氨酸、赖氨酸及肽等与加工时长及腌制风味密切相关，工艺过程中酸味的增加可能是游离氨基酸，尤其是天冬氨酸和谷氨酸增加所造成。

6 建立广式腊肉的热泵薄层干燥数学模型

选用 11 种常用的薄层干燥数学模型进行拟合比较，建立了热泵干燥广式腊肉的最佳薄层干燥数学模型，拟合并确定了干燥模型常数、系数与干燥温度、风速之间的关系，为广式腊肉干燥过程中能源利用效率和物料水分控制准确度的提高提供了依据。

6.1 材料与方法

6.1.1 试验材料

实验室自制广式腊肉：不带奶脯的肋条肉，切成宽 1.5 cm、长 33～38 cm 的条状，宽度均匀，刀工整齐，厚薄一致，皮上无毛，无伤斑。食盐、白糖、白酒、生抽、老抽、八角、茴香、桂皮等购于超市。

6.1.2 主要仪器设备

GHRH-20 型热泵干燥机（采用 R134a 冷媒、PLC+触摸屏控制、电辅助加热升温方式，干燥腔最高温可达 65 ℃，见图 8.1），广东省农业机械研究所；BS124S 分析天平，赛多利斯科学仪器有限公司；DHG-9240A 型电热恒温鼓风干燥箱，上海精宏试验设备有限公司；称量瓶，精科仪器有限公司。

6.2 试验方法

6.2.1 干燥模型建立方法

为探讨干燥温度和风速对广式腊肉的影响，并建立数学模型，参考工厂热风干燥广式腊肉生产配方和工艺，设计了 6 个干燥工艺条件（见表 6.1）。

放进物料前，先将干燥机预热 30 min，干燥温度稳定后，悬挂放入(10±0.2) kg 物料；整个干燥过程时间为 48 h，放进干燥机前测一次含水率，0 ~ 12 h 内每隔 2 h 测定一次，12 ~ 39 h 内每隔 3 h 测定一次，烘烤结束前 9 h 测定两次。国标中规定腊肉含水率≤25%，实际生产中腊肉的含水率很低，为 8% ~ 16%。国外有关资料认为，干肉含水率在 15% 时，其水分活性在 0.70 以下，能有效抑制细菌、霉菌的繁殖（张孔海，2000）。

表 6.1　热泵干燥工艺条件

试验号	1	2	3	4	5	6
温度（°C）	50	50	55	55	60	60
风速（m/s）	0.4	1.0	0.4	1.0	0.4	1.0

参考以下广式腊肉工艺流程及配方制作广式腊肉：

五花肉→腌制（4 °C 下腌制 24 h）→晾挂（1 h）→干燥→冷却→包装→成品。

辅料：白砂糖 8%，盐 3.5%，白酒 2%，生抽 3%，老抽 1.5%，八角、桂皮、花椒、茴香各 0.2%，亚硝酸钠 0.01%。

6.2.2　数学模型测定指标与建立方法

6.2.2.1　含水率

含水率的测定参照 GB/T5009.3—2003，肉与肉制品水分含量测定方法中的直接干燥法。精密称取匀浆 5.0 ~ 10.0 g（精确至 0.000 1 g），干燥至恒重，以干基湿含量（M_d）表示水分含量，公式如下：

$$M_d = \frac{m_w}{m_d} \tag{1}$$

式中：m_w 为物料中水分质量；m_d 为物料中干物质量。

6.2.2.2　水分比

水分比用于表示一定干燥条件下物料还有多少水分未被干燥除去，可以用来反映物料干燥速率的快慢。公式如下：

$$MR = \frac{M - M_e}{M_0 - M_e} \qquad （2）$$

式中：M 为某时刻物料含水率；M_e 为物料平衡含水率；M_0 为物料初始含水率。

6.2.2.3　干燥速率

干燥速率定义为单位时间内每单位面积（物料和干燥介质的接触面积）湿物料汽化的水分质量。当物料与干燥介质的接触面积不易确定时，用干燥强度表示干燥速率，其定义为物料湿含量随时间的变化率，通常用 N_d 表示。公式如下：

$$N_d = \frac{\mathrm{d}M_d}{\mathrm{d}t} = \frac{M_{d,i+1} - M_{d,i}}{t_{i+1} - t_i} \qquad （3）$$

式中：N_d 为干燥速率；$M_{d,i+1}$ 为 t_{i+1} 时刻干基湿含量；$M_{d,i}$ 为 t_i 时刻干基湿含量。

6.2.2.4　干燥数学模型

物料干燥过程是一个复杂的热量质量传递过程，同时又与物料的物理特性密切相关。众多学者通过不同物料的干燥试验研究，总结了多个理论、半理论和经验模型用于描述干燥过程中物料含水率与时间的变化规律。为了定量地描述广式腊肉热泵干燥的过程，本书选用了 11 种常见的用于农产品物料薄层干燥的数学模型（见表 6.2）进行拟合比较。

表 6.2　选用的干燥曲线数学模型

序号	模型名称	模型方程式
1	Newton(Ayensu,1997)	$MR=\exp(-kt)$
2	Page(Zhang et al,1991)	$MR=\exp(-kt^n)$
3	Modified Page(White et al,1981)	$MR=\exp[-(kt)^n]$
4	Henderson and Pabis(Henderson et al, 1961)	$MR=a\exp(-kt)$
5	Logarithmic(Xanthopoulos et al, 2007)	$MR=a\exp(-kt)+c$
6	Two term(Mazutti et al,2010)	$MR=a\exp(-k_0t)+b\exp(-k_1t)$

序号	模型名称	模型方程式
7	Two-term exponential(Sharaf-Elden et al,1980)	$MR=a\exp(-kt)+(1-a)\exp(-kat)$
8	Diffusion approach(Kassem,1998)	$MR=a\exp(-kt)+(1-a)\exp(-kbt)$
9	Modiffied Henderson and Pabis (Vega-Gálvez et al,2010)	$MR=a\exp(-kt)+b\exp(-gt)+c\exp(-ht)$
10	Vermal et al(Verma et al,1985)	$MR=a\exp(-kt)+(1-a)\exp(-gt)$
11	Midilli-Kucuk(Menges et al,2006)	$MR=a\exp(-kt^n)+bt$

注：k、k_0、k_1、g、h 为干燥常数，a、b、c、n 为干燥系数，t 为干燥时间（h）。

模型的决定系数（R^2）用来描述干燥曲线的最佳干燥模型的首要误差参数，均方根误差（$RMSE$）和卡方（χ^2）用来测定拟合优度。当 R^2 越大，$RMSE$ 和 χ^2 越小，干燥方程被认为最佳（Demir et al，2007；Gunhan et al，2005；Xanthopoulos et al，2007）。R^2、$RMSE$、χ^2 分别定义为：

$$R^2 = \frac{\sum_{i=1}^{N}(M_{Ri}-M_{Rpre,j})*(M_{Ri}-M_{Rexp,i})}{\sqrt{\left[\sum_{i=1}^{N}(M_{Ri}-M_{Rpre,j})\right]*\left[\sum_{i=1}^{N}(M_{Ri}-M_{Rexp,i})^2\right]}} \tag{4}$$

$$RMSE = \sqrt{\frac{\sum_{i=1}^{N}(MR_{pre,i}-MR_{exp,i})^2}{N}} \tag{5}$$

$$\chi^2 = \frac{\sum_{i=1}^{N}(MR_{exp,i}-MR_{pre,i})^2}{N-n} \tag{6}$$

式中：M_{Ri} 为某时刻物料含水率；$MR_{pre,i}$ 为含水率的预测值；$MR_{exp,i}$ 为含水率的试验值；N 为观测次数；n 为回归模型中常数项的个数。

6.2.3　数据处理

试验重复 3 次。模型式中的各项系数通过 SPSS14.0 软件和 DPS 软件经多重回归分析获得。

6.3 试验结果

6.3.1 干燥温度对广式腊肉干燥速率的影响

由图 6.1 看出，随着干燥时间的延长，物料残余水分逐渐减少，干燥速率由大减小，最后趋于平衡。在 1 m/s 风速下，将物料干燥到 $MR = 0.35$（含水率为 25%），干燥温度为 50、55、60 °C 分别需要 21.5、12.5、10.5 h，干燥温度为 60 °C 与 50 °C 相比，干燥时间约缩短了 51%，与 55 °C 相比，干燥时间约缩短了 16%；将物料干燥到 $MR = 0.19$（含水率为 15%），干燥温度为 50、55、60 °C 分别需要 38、29、27.5 h，干燥温度为 60 °C 与 50 °C 相比，干燥时间约缩短了 28%，与 55 °C 相比，干燥时间约缩短了 5%；

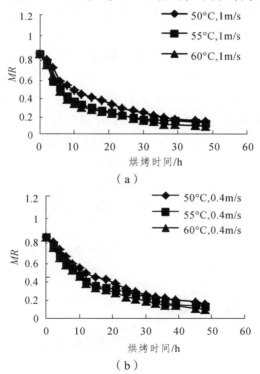

图 6.1 不同干燥温度下广式腊肉热泵干燥曲线

在 0.4 m/s 风速下，将物料干燥到 $MR = 0.35$（含水率为 25%），干燥温度为 50、55、60 °C 分别需要 25、21、18 h，干燥温度为 60 °C 与 50 °C 相比，干燥时间约缩短了 28%，与 55 °C 相比，干燥时间约缩短了 14%；在 *MR* 值达到 0.19（含水率为 15%）时，干燥温度为 50、55、60 °C 分别需要 46、36、32 h，干燥温度为 60 °C 与 50 °C 相比，干燥时间约缩短了 30%，与 55 °C 相比，干燥时间约缩短了 11%。温度升高可以加快水分蒸发，从而提高物料的干燥速率。从实验结果看，干燥温度分别为 50、55、60 °C 时，物料的干燥速率依次增大，但增大的幅度不同。55 °C 和 60 °C 时的物料干燥速率相近，明显高于 50 °C 条件下的物料。

6.3.2　风速对广式腊肉干燥速率的影响

如图 6.2 所示，风速分别为 1、0.4 m/s，将物料干燥到 *MR* = 0.35（含水率为 25%），当温度为 50 °C，所需时间分别为 20、25 h，干燥时间约缩短了 25%；温度为 55 °C，所需时间分别为 13、18 h，干燥时间约缩短了 46%；温度为 60 °C，所需时间分别为 11、18 h，干燥时间约缩短了 64%。风速分别为 1、0.4 m/s，将物料干燥到 *MR* = 0.19（含水率为 15%），当温度为 50 °C，所需时间分别为 38、46 h，干燥时间约缩短了 21%；温度为 55 °C，所需时间分别为 29、36 h，干燥时间约缩短了 24%；温度为 60 °C，所需时间分别为 27、32 h，干燥时间约缩短了 19%。在 50、55、60 °C 三种干燥温度下，风速的变化对广式腊肉含水率的变化具有明显影响。随着风速的增大，广式腊肉含水率变化曲线变陡，干燥时间变短。

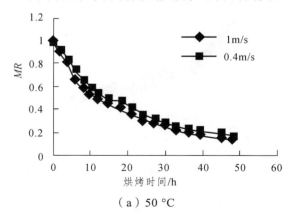

（a）50 °C

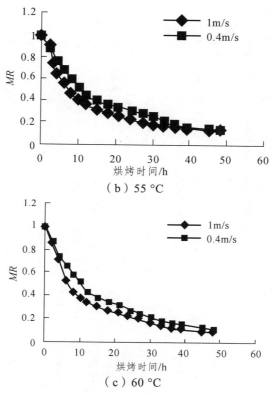

（b）55 ℃

（c）60 ℃

图 6.2　不同干燥风速下广式腊肉热泵干燥曲线

6.3.3　广式腊肉热泵干燥数学模型建立

　　将不同温度和风速条件下广式腊肉热泵干燥的 MR 数据代入表 6.2 中的 11 种数学模型进行拟合，相应的参数值：R^2、$RMSE$ 和 χ^2 见表 6.3。

　　通过比较各干燥条件下不同模型的 R^2 值、$RMSE$ 值和 χ^2 值，发现所有试验模型的 R^2 值在 0.9115 ~ 0.9988，$RSME$ 值在 0.0090 ~ 0.0743，χ^2 值在 0.004581 ~ 0.000098。而 Two term 模型的 R^2 值在 0.9898 ~ 0.9988，$RSME$ 值在 0.0090 ~ 0.0263，χ^2 值在 0.000891 ~ 0.000103，Two term 模型的 R^2 值最高，且 $RMSE$ 值、χ^2 值最低。因此，可以将 Two term 模型作为反映广式腊肉热泵干燥规律的最佳模型。广式腊肉不同干燥条件下 Two term 模型的干燥常数 k_0、k_1 及系数 a、b 的数据参数如表 6.4 所示。

表 6.3　不同干燥条件下广式腊肉各干燥模型的数据结果

模型名称	干燥风速 (m/s)	干燥温度								
		50 °C			55 °C			60 °C		
		R^2	RSME	χ^2	R^2	RSME	χ^2	R^2	RSME	χ^2
Newton	1.0	0.9680	0.045628	0.002204	0.9115	0.074330	0.004372	0.9363	0.065778	0.004581
	0.4	0.9870	0.028797	0.000878	0.9630	0.048533	0.002494	0.9764	0.039979	0.001692
Page	1.0	0.9893	0.026360	0.000782	0.9765	0.038284	0.001649	0.9769	0.051459	0.002979
	0.4	0.9952	0.017422	0.000341	0.9916	0.023149	0.000603	0.9967	0.014912	0.000250
Modified Page	1.0	0.9893	0.026360	0.000782	0.9765	0.038283	0.001649	0.9769	0.039636	0.001767
	0.4	0.9952	0.017422	0.000342	0.9916	0.023149	0.000603	0.9967	0.014912	0.000250
Henderson and Pabis	1.0	0.9745	0.040699	0.001863	0.9290	0.066540	0.004981	0.9455	0.060842	0.004164
	0.4	0.9893	0.026062	0.000764	0.9734	0.041129	0.001903	0.9839	0.023788	0.000637
Logarithmic	1.0	0.9906	0.024689	0.000731	0.9904	0.024458	0.000718	0.9840	0.033026	0.001309
	0.4	0.9968	0.014334	0.000247	0.9924	0.021957	0.000579	0.9971	0.014060	0.000237
Two term	1.0	0.9938	0.020075	0.000518	0.9937	0.019847	0.000506	0.9898	0.026323	0.000891
	0.4	0.9973	0.013106	0.000221	0.9958	0.016391	0.000345	0.9988	0.008958	0.000103
Two-term exponential	1.0	0.9904	0.024996	0.000703	0.9585	0.050914	0.002916	0.9703	0.044899	0.002268
	0.4	0.9968	0.014380	0.000233	0.9903	0.024773	0.000690	0.9964	0.015607	0.000274
Diffusion approach	1.0	0.9930	0.021325	0.000546	0.9928	0.021181	0.000538	0.9887	0.027731	0.000923
	0.4	0.9970	0.013800	0.000229	0.9955	0.016886	0.000342	0.9988	0.009033	0.000098
Modified Henderson and Pabis	1.0	0.9938	0.067580	0.006850	0.9937	0.019847	0.000591	0.9898	0.026323	0.001039
	0.4	0.9973	0.013058	0.000256	0.9958	0.016384	0.000403	0.9988	0.008958	0.000120
Vermal et al	1.0	0.9930	0.021325	0.000546	0.9928	0.021181	0.000538	0.9887	0.027731	0.000923
	0.4	0.9970	0.013800	0.000229	0.9955	0.016886	0.000342	0.9988	0.009033	0.000098
Midilli-Kucuk	1.0	0.9916	0.023366	0.000702	0.9888	0.026481	0.000902	0.9830	0.033992	0.001486

表 6.4 广式腊肉不同干燥条件下 Two term 模型的干燥数据

干燥温度（°C）	干燥风速（m/s）	a	k_0	b	k_1	R^2	RSME	χ^2
$MR=a\exp(-k_0t)+b\exp(-k_1t)$								
50	1	0.6222	0.0299	0.4043	0.1465	0.9938	0.020075	0.000518
	0.4	0.4288	0.0922	0.5865	0.0255	0.9973	0.013106	0.000221
55	1	0.692	0.1601	0.3359	0.0191	0.9937	0.019847	0.000506
	0.4	0.4541	0.139	0.5606	0.0281	0.9958	0.016391	0.000345
60	1	0.6438	0.1752	0.3889	0.0288	0.9898	0.026323	0.000891
	0.4	0.4873	0.1279	0.5167	0.0315	0.9988	0.008958	0.000103

将 Two term 模型中的干燥常数 k_0、k_1 和系数 a、b 与温度 T（°C）、风速 V（m/s）进行回归分析，可得模型参数与干燥温度、风速的方程分别为：

$$a = 0.0083T+0.6648V-0.1309-0.0062TV, \quad R^2 = 0.9623 \qquad (7)$$

$$k_0 = 0.1866T-1.0013V-4.8806+0.0183TV-0.0017T^2, R^2 = 0.9805 \qquad (8)$$

$$b = -0.0106T-0.7957V+1.2568+0.0091TV, \quad R^2 = 0.9524 \qquad (9)$$

$$k_1 = \exp(-0.2708T+2.4693V+9.1285), \quad R^2 = 0.8344 \qquad (10)$$

通过比较 MR 的试验值与预测值来验证所建立模型的优劣，由图 6.3 可知，Two term 模型的 MR 试验值与预测值吻合得较好，进一步说明 Two term 模型可以用来描述广式腊肉的热泵干燥进程。

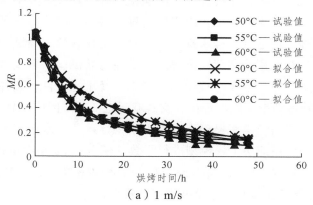

（a）1 m/s

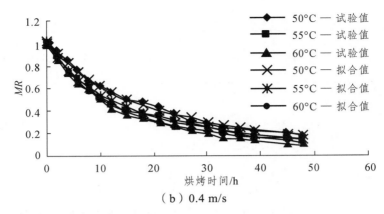

（b）0.4 m/s

图 6.3　不同温度和风速条件下 Two term 模型预测值与试验值比较

6.4　小结

　　食品干燥是传热和传质过程同时并存，两者相互影响而又相互制约，有时传热可以加速传质过程的进行，有时传热又可减缓传质的速率（Yilbas et al，2003）。薄层干燥是食品物料干燥的基本形式，食品加工中的干燥主要以薄层或近似薄层为主。薄层干燥的研究是为了探讨在一定的风温、风速以及相对湿度的条件下，物料含水率随时间的变化规律，并进一步建立薄层干燥方程，以便利用计算机进行物料干燥过程模拟，为深床干燥的研究、优化干燥工艺和指导物料干燥机设计提供理论基础。

　　目前，用来描述干燥过程的数学模型已有上百种，其中薄层干燥模型是一种应用十分广泛的模型。由于物料种类繁多，因此出现了很多类型的薄层干燥方程，但这些方程大都是通过对特定物料的干燥试验数据拟合而来的。所以，在应用这些薄层方程时，要注意其试验物料及试验条件。根据不同的干燥物料、干燥过程中的不同工艺及干燥条件，选择不同的干燥模型。半经验模型把干燥的理论和实践联系在一起，因此得到广泛的应用。

　　近年来，国内外学者已经在谷物、水果、蔬菜、水产品和其他一些农作物的干燥中使用薄层干燥模型进行了数学模拟（Castell-Palou et al，2011；Menges et al，2006；Vega-Gálvez et al，2010；段振华等，2007；石启龙等，2009）。而对于肉制品的干燥模型研究得较少，尤其是肉制品热泵干燥的数学模型还未见报道。

　　本试验选用了 11 种常见的用于农产品物料薄层干燥的数学模型对热泵干燥过程进行拟合比较。模型的决定系数（R^2）用来描述干燥曲线的最佳干燥模型的首要误差参数，均方根误差（$RMSE$）和卡方（χ^2）用来测定拟合优度。当 R^2 越大、$RMSE$ 和 χ^2 越小，干燥方程被认为最佳[23-25]。因此、根据模型的决定系数（R^2）、均方根误差（$RSME$）和卡方（χ^2）值可确定出最佳模型。

　　通过比较各干燥条件下 11 种不同模型的 R^2 值、$RMSE$ 值和 χ^2 值，发现所有试验模型的 R^2 值在 0.9115 ~ 0.9988，$RSME$ 值在 0.0090 ~ 0.0743，χ^2 值在 0.004581 ~ 0.000098。而 Two term 模型的 R^2 值在 0.9898 ~ 0.9988，RSME 值在 0.0090 ~ 0.0263，χ^2 值在 0.000891 ~ 0.000103，Two term 模型的 R^2 值最高且 $RMSE$、χ^2 值最低。因此将 Two term 模型作为在干燥温度和风速分别为 50 ~ 60 °C，0.4 ~ 1.0 m/s 的范围内反映广式腊肉热泵干燥规律的最佳模型。

7 热泵干燥过程热力学分析

热泵干燥过程是一种复杂的传热、传质过程，在整个热泵干燥的过程中，吸收和放出的热量在数量和能量的性质上都发生着变化。实际的生产过程显示，干燥过程是一系列的不可逆过程的组合。体系的熵值在干燥过程中是增加的（$M > 0$），体系熵值的增加将会导致能量的贬值与热泵系统的功能能力的下降（高晓敏，2016）。因此，从热力学第一定律和第二定律出发，从量与质的角度来分析干燥过程的质量和热交换，能较好地阐释热泵干燥的节能原理。

7.1 热泵干燥过程的理论分析

7.1.1 干燥过程的物理模型

干燥过程为包括动量、热量和质量在内的三个传递过程的共同体。为了便于更好地分析热泵干燥的干燥过程，我们对其干燥过程分析做如下假定：

（1）干燥过程中动量、热量和质量的传递过程均视为稳态过程；

（2）外部的干燥条件不变；

（3）干燥室内的干燥介质是由干空气和热水蒸气组成的混合理想气体；

（4）物料的表面温度视为干燥箱内干燥介质的湿球温度。

7.1.2 热泵干燥过程的空气循环过程分析

在热泵干燥过程中，干燥箱的空气经过蒸发器的降温、除湿后，再经过冷凝器的升温作用升温至所需要的温度值后进入到干燥箱内，在干燥箱内高温的空气吸收需要被干燥物料的水分后直接返回到蒸发器，经过蒸发器吸收来自干燥箱的部分空气的显热和潜热同时对空气除湿降温，如此完成整个除湿循环。

　　在热泵干燥的整个过程中，干燥箱内的空气循环状态变化如图 7.1 所示，图 7.1 中点 1 表示的空气状态是进入干燥箱内的干热空气，在干燥箱内干热空气与被干燥的物料相接触，将干空气携带的热量传递给待干燥的物料，促使物料内的水分快速蒸发到空气中，此时空气的相对湿度变大，使得干燥箱出口点 2 的温度降低。我们可以近似地认为空气在干燥箱内的干燥过程是等焓过程。也就是说，空气在干燥箱内的变化是沿着等焓线变化的：$h_1=h_2$；过程 2-3 表示的是空气在蒸发器内的空气变化状态，流进蒸发器的介质空气，与蒸发器内的制冷剂发生热量交换，湿空气中的水分会被冷却至零点温度以下，随后，在换热器凝结下排到热泵系统外；除湿过程后的干空气，再在冷凝器内被等湿度的加热成干空气，图 7.1 表示的是空气在冷凝器中的等湿加热过程，被冷凝器加热成的干空气再进入干燥室箱完成该干燥循环。

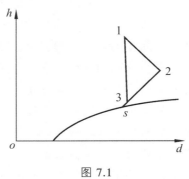

图 7.1

7.1.3　干燥箱内传热状况和空气参数变化

　　下面以广式腊肉的干燥过程为例。在腊肉干燥过程中，干燥箱内的干燥介质空气与腊肉表面之间的传热过程为对流传热过程。在物料放入干燥箱内时物料的温度低于干燥箱内干燥介质空气的温度，当低温的腊肉内部接触到温度较高的干燥介质后自动发生热量的传递，且干燥箱内的干燥介质空气与腊肉表面间的热传递率遵循牛顿冷却定律，即下式所示：

$$Q = h\left(T_s - T_f\right)$$

式中；h 为热传递系数，T_s 是腊肉的表面温度，T_f 是干燥箱内干燥介质空气的温度。干燥实验中空气介质的温度始终不低于腊肉的温度，故热量实际上是空气介质传给腊肉，腊肉处于加热过程中。

　　单从干燥理论来讲，干燥过程的热量传递主要还是干燥箱内空气介质与干燥物料之间的对流换热。然而，在实际的干燥过程中情况却比较复杂，干燥箱内干燥情况的变化十分快，可看作传质传热的耦合过程。控制容积为刚性，所以控制容积与外界的热、功交换只考虑散热损失；干燥过程的能量变化则是由系统内的质量迁移变化造成的。

7.2　干燥过程的热力学分析

7.2.1　干燥过程中干燥箱内质量和能量的分析

　　变质量热力过程是在进行热力过程时，工质的数量和质量同时发生变化。这时，工质的数量也是表征热力特性的参数，而且，在某些情况下，它是起主要作用的参数。变质量的热力过程实际上就是对固定容积的容器的充气与放气的过程。从更大的范围来说，变质量过程同样也包含相变与化学变化。虽然过程总的质量不变，但是对于每一相或相分，在进行相变和化学反应的过程中，实际上工质的数量也会发生变化。变质量热力学体系是工程热力学的延伸，同时也包含着一些热力学知识和概念，如不可逆的热力学概念。所以说，变质量热力学体系也是在两大热力学定律的基础上演绎和总结出来的结论，其关于热力学的知识和一些概念在这里也是适用的。由于研究的对象不同，两者所用的方法也是有所区别的。因此，我们在对热系进行干燥过程的分析时，不仅需要考虑功与热的作用，而且要考虑质量的相互作用，及伴随着质量的变化过程所引起的能量的变化。关于控制容积的假定为：

　　（1）微元工质在流进和离开控制容积干燥箱前后，一切变化与控制的容积都无关；

　　（2）微元工质在进入控制容积瞬时起，与其他工质一样参与控制容积系统的状态变化。

7.2.2　干燥箱内的变质量热力学分析

在干燥箱内，热空气的吸水能力是干燥的主要力量，当热空气经过物料的表层时，物料表层的水分就会被蒸发到热空气中，从而跟随热空气被带出干燥箱之外。在干燥过程中，干燥箱内物料外表层的水分被汽化之后，它的内部和表层水分间就会形成湿度梯度。在此梯度的影响之下，腊肉的水分就会开始慢慢地向外迁移，并不断地向表面扩散。随着腊肉内的水分向表面不断地扩散，腊肉内部的水分就会减少，以此来实现干燥的效果。在这个过程中水分蒸发的过程是液态到气态的变化，虽然其水分和水蒸气的总量是不变的，但是就其在物理形态上来说是液相到气相的相变过程。因此，这也是一个变质量的过程。

7.3　干燥过程的㶲效率分析

干燥过程的㶲效率等于干燥过程中去除水分消耗的㶲值与总的输入干燥的㶲值的比值，即

㶲效率=（进入干燥箱的㶲值–㶲损失）/（进入干燥箱的㶲值）

干燥过程的㶲效率是衡量热泵干燥能量转换设备技术完善程度和热力学完善程度的统一指标。㶲效率越接近于1，说明整个干燥过程的热力学完善程度就越好。在干燥过程中，物料和干燥工艺不一样，对热能利用率的要求也不一样。因此，要使干燥过程的热能能够得到合理的利用，就必须根据干燥工艺的要求，按需提供热能。也就是说，不仅要在数量上满足干燥过程的需求，而具也要在质量上与之相匹配，从而达到物尽其用的目的。如果把高质量的热能用在只需要低质量热能就可以干燥的场合，肯定会造成能量的不合理利用，必然也会造成不必要的热量的浪费。

在进行传统的工业生产的操作过程中会产生大量的余热，这一部分余热不能够得到利用，虽然这些热量不会给周围环境带来污染问题，但是在一定程度上却造成很大的浪费。所以，对余热的有效利用和回收是节能方面的研究重点。热泵干燥就充分利用这一点，同时在封闭的干燥系统内回

收了废气中的显热和潜热，因此，热泵干燥与普通的干燥方法相比具有明显的节能效果。

7.4 小结

本章通过对干燥箱内的传热状况和干燥箱内空气循环过程及空气参数变化的分析，使我们从理论科学的角度来看待整个干燥过程能量的变化。通过变质量学观点来对干燥箱内"质"与"量"的变化进行分析，为我们合理分析和评价干燥过程的能量提供了理论支持；经过分析干燥过程能量损失的主要部分为干燥过程的节能提供了正确的方向；通过对比，得出结论对㶲的有效利用，在很大程度上就是对㶲要节约，这样才能起到节能作用。

8 广式腊肉加工操作方法与要点

8.1 GHRH-20 型热泵干燥机简介

8.1.1 设备简介

本实验所选用的热泵干燥装置是由广东省农业机械研究所研制的 GHRH-20 型高温热泵干燥机，这款机器是针对广式腊味加工工艺研发的，内嵌广式腊味干燥工艺参数控制模块，也可采用用户自编程序模式，既适用于现有腊味的干燥加工，也适用于干燥新工艺的开发。GHRH-20 型热泵干燥装置主要是由压缩机、冷凝器、膨胀阀、蒸发器、干燥箱等组成。干燥系统主要采用 PLC+触摸屏控制、冷媒（采用 R134a 冷媒）和电辅助加热升温的方式（见图 8.1），干燥温度最高可达 65 ℃。

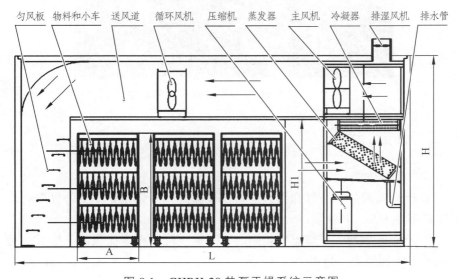

图 8.1 GHRH-20 热泵干燥系统示意图

热泵除湿干燥采用低温蒸发器把空气温度降至零点以下，使空气析出水分（冷凝水由排水管排至干燥仓外）、绝对湿度降低；再利用冷凝器加热空气，提高空气温度并降低相对湿度，产生高温低湿的干燥空气，干燥空气流经物料带走水分再次回到蒸发器，形成一次干燥循环。经多次干燥循环后，完成物料干燥作业。

本实验使用的 GHRH-20 型热泵装置的主机在干燥库最右边，库内分为风道和干燥箱（见图 8.2）。干燥过程中，空气流经物料后在蒸发器表面冷却并且析出水分，冷凝水经排水管排出。除湿后，低温空气被冷凝器加热成高温低湿的干燥空气，并由风机送往风道。空气再次流过物料，将物料的水分带走，这时的水分变成高湿空气再回到蒸发器表面，并析出水分。如此，完成一次干燥的循环。

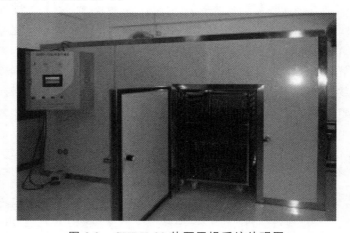

图 8.2　GHRH-20 热泵干燥系统外观图

8.1.2　性能介绍

（1）设备优势：

① 产品质量高。空气在干燥仓内循环除湿，干燥作业不受外界影响，卫生标准达 HACCP 要求。

② 干燥速率高。干燥温度相同时，干燥空气的湿度比热风干燥低，大大加速了物料的失水过程。

③ 干燥能耗和成本低。热泵的制热效率高达 350%～600%；与蒸气加热相比，干燥能耗低 65%以上，干燥成本低 55%以上。

④ 一键式启动/停止设备工作，干燥过程全自动控制；控制精度高，温度、湿度可同时调控；发生故障时，弹出提示画面，并自动记录历史报警和数据。

⑤ 腊肠、腊肉干燥均匀性好，出成品率高。

⑥ 生产过程不受季节影响，自动化程度高，节省劳动力。

⑦节能、环保、减排、降耗。

（2）适用物料：腊肠、腊肉、腊鸭、板鸭等肉制品；香菇、虫草、药材、海产、蔬菜、木材等。

（3）运行费用：采用常规的蒸气热风干燥设备加工腊肠的成本为 1700～1900 元/吨干肠（含煤、电、锅炉运行费）；而采用 GHRH 系列广式腊味热泵除湿干燥机加工腊肠的成本为 715～750 元/吨干肠，比热风干燥节省 1000 元或 55%以上。

8.2　书中理化指标国家标准测定方法

8.2.1　水分含量的测定

参照 GB/T5009.3—2003，肉与肉制品水分含量测定方法中的直接干燥法测定。

GB/T5009.3—2003 中直接干燥法：

（1）原理。

食品中的水分一般是指在 100 ℃ 左右直接干燥的情况下，所失去物质的总量。直接干燥法适用于 95～105 ℃ 下，不含或含其他挥发性物质甚微的食品。

（2）试剂。

① 6 mol/L 盐酸：量取 100 mL 盐酸，加水稀释至 200 mL。

② 6 mol/L 氢氧化钠溶液：称取 24 g 氢氧化钠，加水溶解并稀释至 100 mL。

③ 海砂：取用水洗去泥土的海砂或河砂，先用 6 mol/L 盐酸煮沸 0.5 h，

用水洗至中性，再用 6 mol/L 氢氧化钠溶液煮沸 0.5 h，用水洗至中性，经 105 ℃ 干燥备用。

（3）仪器。

扁形铝制或玻璃制称量瓶：内径 60～70 mm，高 35 mm 以下，电热恒温干燥箱。

（4）分析步骤。

① 固体试样：取洁净铝制或玻璃制的扁形称量瓶，置于 95～105 ℃ 干燥箱中，瓶盖斜支于瓶边，加热 0.5～1.0 h，取出盖好，置干燥器内冷却 0.5 h，称量，并重复干燥至恒量。称取 2.00～10.00 g 切碎或磨细的试样，放入此称量瓶中，试样厚度约为 5 mm。加盖，精密称量后，置 95～105 ℃ 干燥箱中，瓶盖斜支于瓶边，干燥 2～4 h 后，盖好取出，放入干燥器内冷却 0.5 h 后称量。然后再放入 95～105 ℃ 干燥箱中干燥 1 h 左右，取出，放干燥器内冷却 0.5 h 后再称量。至前后两次质量差不超过 2 mg，即为恒量。

② 半固体或液体试样：取洁净的蒸发皿，内加 10.0 g 海砂及一根小玻棒，置于 95～105 ℃ 干燥箱中，干燥 0.5～1.0 h 后取出，放入干燥器内冷却。5 h 后称量，并重复干燥至恒量。然后精密称取 5～10 g 试样，置于蒸发皿中，用小玻棒搅匀放在沸水浴上蒸干，并随时搅拌，擦去皿底的水滴，置 95～105 ℃ 干燥箱中干燥 4 h 后盖好取出，放入干燥器内冷却。0.5 h 后称量。以下按上述①自"然后再放入 95～105 ℃ 干燥箱中干燥 1 h 左右……。"起依法操作。

（5）结果计算。

试样中水分的含量按下式进行计算：

$$X = \frac{m_1 - m_2}{m_1 - m_3} \times 100\%$$

式中　X——试样中水分的含量；

m_1 ——称量瓶（或蒸发皿加海砂、玻棒）和试样的质量，单位为克（g）；

m_2 ——称量瓶（或蒸发皿加海砂、玻棒）和试样干燥后的质量，单位为克（g）；

m_3 ——称量瓶（或蒸发皿加海砂、玻棒）的质量，单位为克（g）。

计算结果保留三位有效数字。

（6）精密度。

在重复性条件下获得的两次独立测定结果的绝对差值不得超过算术平均值的 5%。

8.2.2　总糖含量的测定

参照 GB/T9695.31—2008，肉制品总糖含量测定方法测定。

GB/T9695.31—2008：

8.2.2.1　分光光度法

（1）原理。

试样中的糖经热水提取后，用硫酸脱水，生成糠醛或糠醛衍生物。生成物与芳香族酚类化合物缩合生成黄色物质，在 470 nm 处有最大吸收，在一定范围内其吸光度值同糖的浓度呈正比，以此测定糖的含量。

（2）试剂。

如无特别说明，所用试剂均为分析纯。

①水：应符合 GB/T 6682—2008 中三级水的要求。

②苯酚溶液：称取 5 g 苯酚溶于 100 mL 水中。避光贮存。

③浓硫酸（ρ_{20} = 1.84 g/mL）。

④葡萄糖标准溶液：准确称取经过 96 ℃±2 ℃ 干燥 2 h 的 1.000 g 纯葡萄糖，加水溶解后加入 5 mL 盐酸，并以水定容至 1000 mL。此溶液每毫升相当于 1.0 mg 葡萄糖。

⑤淀粉酶溶液：称取 0.5 g 淀粉酶溶于 100 mL 水中。

⑥碘-碘化钾溶液：称取碘化钾 3.6 g、碘 1.3 g 溶于水中并稀释至 100 mL。

（3）仪器和设备。

实验室常规仪器；绞肉机：孔径不超过 4 mm；分光光度计。

（4）试样。

按 GB/T9695.19 取样。

取有代表性的试样不少于 200 g，用绞肉机绞两次并混匀。

绞好的试样应尽快分析，若不立即分析，应密封冷藏贮存，防止变质和成分发生变化。贮存的试样在启用时应重新混匀。

（5）分析步骤。

①试样前处理：称取试样约 1 g（精确至 0.001 g）于烧杯中，加入 50 mL 水，在沸水浴上加热 30 min，冷却后用水定容至 500 mL。含淀粉的试样，加热后冷却到 60 ℃ 左右，加入淀粉酶溶液 10 mL 混匀，在 55～60 ℃ 水浴中保温 1 h。用碘-碘化钾溶液检查酶解是否完全。若显蓝色，再加淀粉酶溶液 10 mL 继续保温直到酶解完全。加热至沸，冷却后移入 500 mL 容量瓶中用水定容至刻度。混匀后过滤，滤液备用。

②测定。

a. 葡萄糖标准曲线绘制：

分别准确吸取葡萄糖标准溶液 0、1、2、3、4、5 mL，分别置于 50 mL 容量瓶中用水定容至刻度，摇匀。浓度分别为 0、20、40、60、80、100 μg/mL。准确吸取上述标准葡萄糖溶液 1 mL（相当于葡萄糖 0 μg、20 μg、40 μg、60 μg、80 μg、100 μg），加入 20 mL 毫升比色管中，加入苯酚溶液 1mL 充分混匀，加入浓硫酸 5mL 并立即摇匀。室温下放置 20 min，在 470 nm 波长，以 0 管为参比，测定吸光度值，以葡萄糖含量为横坐标、吸光度值为纵坐标，绘制标准曲线。

b. 试样溶液的测定：

准确吸取滤液溶液 1 mL，加入 20 mL 比色管中，按照上述"葡萄糖标准曲线绘制"中自"加入苯酚溶液……"起进行操作。

③结果计算。

试样中总糖的含量（以葡萄糖计）按式（1）计算：

$$X_1 = \frac{m_1 \times V_0 \times 10^{-6}}{m_0 \times V_1} \times 100\% \quad\quad (1)$$

式中　X_1——式样中总糖的含量（以葡萄糖计），单位为克每百克（g/100g）；

m_1——从标准曲线上查得的葡萄糖含量，单位为微克（ug）；

V_0——式样经前处理后定容的体积，单位为毫升（mL）；

m_0——式样质量，单位为克（g）；

V_1——测定时吸取滤液的体积，单位为毫升（mL）。

当平行测定符合精密度所规定的要求时，取平行测定的算术平均值作为结果，精确到 0.01%。

（6）精密度。

在同一实验室由同一操作者在短暂的时间间隔内，用同一设备对同一试样获得的两次独立测定结果的绝对差值不得超过 1%。

（7）试验报告。

试验报告应说明：

——与识别样品有关的必需信息；

——取样方法；

——依据本部分所使用的方法；

——未在本部分规定或被视为可选的所有操作，以及可能影响测试结果的其他事件；

——获得的结果；

——如果检验了重复性，列出最终结果。

8.2.2.2　直接滴定法

（1）原理。

试样先除去蛋白质后，经盐酸水解，在加热条件下，以次甲基蓝作指示剂，滴定标定过的斐林试剂（碱性酒石酸铜溶液），根据消耗样品液的量得到试样总糖的含量。

（2）试剂。

① 盐酸溶液（1+1）。

② 斐林试剂甲液（碱性酒石酸铜甲液）：称取 15 g 硫酸铜（$CuSO_4 \cdot 5H_2O$）及 0.05 g 次甲基蓝，溶于水中并稀释至 1000 mL。

③ 斐林试剂乙液（碱性酒石酸铜乙液）：称取 50 g 酒石酸钾钠、75 g 氢氧化钠，溶于水中，再加入 4 g 亚铁氰化钾，完全溶解后，用水稀释至 1000 mL，贮存于橡胶塞玻璃瓶内。

④ 乙酸锌溶液：称取 21.9 g 乙酸锌，加 3 mL 冰乙酸，加水溶解并稀释至 100 mL。

⑤ 亚铁氰化钾溶液：称取 10.6 g 亚铁氰化钾，加水溶解并稀释至 100 mL。

⑥ 甲基红指示剂：称取 0.1 g 甲基红，用少量乙醇（95%）溶解后，并稀释至 100 mL。

⑦ 氢氧化钠溶液：称取 200 g 固体氢氧化钠，用水溶解并稀释至

1000 mL。

⑧ 葡萄糖标准溶液：同方法一中葡萄糖标准溶液的配制。

（3）仪器和设备。

酸式滴定管：25 mL；可调电炉：带石棉网；绞肉机：同方法一。

（4）试样。

同方法一。

（5）分析步骤。

① 试样处理：称取试样 5～10 g（精确至 0.001 g）于 250 mL 容量瓶中，加入 50 mL 水，在 45 ℃±1 ℃ 水浴中加热 1 h，并时时振摇。慢慢加入 5 mL 乙酸锌溶液及 5 mL 亚铁氰化钾溶液，冷却后用水定容至刻度，混匀，沉淀，静置 30 min，用干燥滤纸过滤，弃去初滤液。准确吸取 50 mL 滤液于 100 mL 容量瓶中，加 5 mL 盐酸溶液，在 68～70 ℃ 水浴中加热 15 min，冷却后加 2 滴甲基红指示剂，用氢氧化钠溶液中和至中性，加水至刻度，摇匀，作为试样溶液。

② 斐林试剂的标定：准确吸取 5 mL 斐林试剂甲液及 5 mL 乙液，置于 150 mL 锥形瓶中，加水 10 mL，加入玻璃珠两粒，从滴定管预加约 9 mL 葡萄糖标准溶液，控制在 2 min 内加热至沸腾，趁热以每 2 秒 1 滴的速度继续滴加葡萄糖标准溶液，直至溶液蓝色刚好褪去为终点（若滴定体积小于 0.5 mL 或大于 1 mL，则需调整加入葡萄糖标准溶液的量），记录消耗葡萄糖标准溶液的总体积。同时平行操作 3 次，取其平均值，计算每 10 mL（甲、乙液各 5 mL）斐林试剂相当于葡萄糖的质量（mg）。

③ 试样溶液预测：准确吸取 5 mL 斐林试剂甲液及 5 mL 乙液，置于 150 mL 锥形瓶中，加水 10 mL，加入玻璃珠两粒，控制在 2 min 内加热至沸腾，趁沸以先快后慢的速度，从滴定管中滴加试样溶液，并保持溶液沸腾状态，待溶液颜色变浅时，趁热以每 2 秒 1 滴的速度继续滴定，直至溶液蓝色刚好褪去为终点，记录消耗试样溶液的体积。当试样溶液中还原糖浓度过高时应适当稀释，再进行正式测定，使每次滴定消耗试样溶液的体积控制在与标定斐林试剂时所消耗的葡萄糖标准溶液的体积相近，约 10 mL。当浓度过低时则采取直接加入 10 mL 试样溶液，再用葡萄糖标准溶液滴定至终点，记录消耗的体积与标定时消耗的葡萄糖标准溶液体积之差相当于 10 mL 试样溶液中所含葡萄糖的量。

④ 试样溶液测定：准确吸取 5 mL 斐林试剂甲液及 5 mL 乙液，置于 150 mL 锥形瓶中，加水 10 mL，加入玻璃珠两粒，从滴定管预加比预测体积少 1 mL 的试样溶液于锥形瓶中，控制在 2 min 内加热至沸腾，趁沸以每 2 秒 1 滴的速度继续滴加试样溶液，直至溶液蓝色刚好褪去为终点，记录试样溶液的消耗体积。同时平行操作 3 次，取其平均值。

（6）结果计算。

试样中总糖的含量按式（2）计算

$$X_2 = \frac{A \times V_0}{m \times V_1 \times 1000} \times 2 \times 100 \qquad (2)$$

式中　X_2——式样中总糖的含量（以葡萄糖计），单位为克每百克（g/100g）；

　　　　A——斐林试剂（甲、乙液各半）相当于葡萄糖的质量，单位为毫克（mg）；

　　　　V_0——式样经前处理后定容的体积，单位为毫升（mL）；

　　　　m——式样质量，单位为克（g）；

　　　　V_1——测定时平均消耗试样溶液的体积，单位为毫升（mL）。

　　　　2——试样水解时稀释倍数。

当平行测定符合精密度所规定的要求时，取平行测定的算术平均值作为结果，精确到 0.01%。

（7）精密度。

在同一实验室由同一操作者在短暂的时间间隔内，用同一设备对同一试样获得的两次独立测定结果的绝对差值不得超过 1%。

（8）试验报告。

试验报告应说明：

——与识别样品有关的必需信息；

——取样方法；

——依据本部分所使用的方法；

——未在本部分规定或被视为可选的所有操作，以及可能影响测试结果的其他事件；

——获得的结果；

——如果检验了重复性，列出最终结果。

8.2.3 总酸含量的测定

参照 GB/T12456—2008，食品中总酸含量的测定方法测定。
GB/T12456—2008：

8.2.3.1 酸碱滴定法

（1）原理。

根据酸碱中和原理，用碱液滴定试液中的酸，以酚酞为指示剂确定滴定终点。按碱液的消耗量计算食品中的总酸含量。

（2）试剂和溶液。

① 试剂和分析用水：

所有试剂均使用分析纯试剂；

分析用水应符合 GB/T6682 规定的二级水规格或蒸馏水，使用前应经煮沸、冷却。

② 0.1 mol/L 氢氧化钠标准滴定溶液：按 GB/T601 配制与标定。

③ 0.01 mol/L 氢氧化钠标准滴定溶液：量取 100 mL0.1 mol/L 氢氧化钠标准滴定溶液稀释到 1000 mL（用时当天稀释）。

④ 0.05 mol/L 氢氧化钠标准滴定溶液：量取 100 mL0.1 mol/L 氢氧化钠标准滴定溶液稀释到 200 mL（用时当天稀释）。

⑤ 1%酚酞溶液：称取 1 g 酚酞，溶于 60 mL95%乙醇中，用水稀释至 100 mL。

（3）仪器和设备。

组织捣碎机；水浴锅；研钵；冷凝管。

（4）试样的制备。

① 液体样品：

a. 不含二氧化碳的样品：充分混合均匀，置于密闭玻璃容器内。

b. 含二氧化碳的样品：至少取 200 g 样品于 500 mL 烧杯中，置于电炉上，边搅拌边加热至微沸腾，保持 2 min，称量，用煮沸过的水补充至煮沸前的质量，置于密闭玻璃容器内。

② 固体样品：

取有代表性的样品至少 200 g，置于研钵或组织捣碎机中，加入与样品等量的煮沸过的水，用研钵研碎或者用组织捣碎机捣碎，混匀后置于密闭玻璃容器内。

③ 固、液体样品：

按样品的固液体比例至少取 200 g，用研钵研碎，或用组织捣碎机捣碎，混匀后置于密闭玻璃容器内。

（5）试液的制备。

① 总酸含量小于或者等于 4 g/kg 的试样：

将试样（4）用快速滤纸过滤，收集滤液，用于测定。

② 总酸含量大于 4 g/kg 的试样

称取 10 ~ 50 g 试样（4），精确至 0.001 g，置于 100 mL 烧杯中。用约 80 ℃ 煮沸过的水将烧杯中的内容物转移到 250 mL 容量瓶中（总体积约 150 mL）。置于沸水浴中煮沸 30 min（摇动 2 ~ 3 次，使试样中的有机酸全部溶解于溶液中），取出，冷却至室温（约 20 ℃），用煮沸过的水定容至 250 mL。用快速滤纸过滤，收集滤液，用于测定。

（6）分析步骤。

① 称取 25.000 ~ 50.000 g 试液（5），使之含 0.035 ~ 0.07 g 酸，置于 250 mL 三角瓶中。加 40 ~ 60 mL 水及 0.2 mL 1% 酚酞指示剂，用 0.1 mol/L 氢氧化钠标准滴定溶液（如样品酸度较低，可用 0.01 mol/L 或者 0.05 mol/L 氢氧化钠标准滴定溶液）滴定至微红色 30 s 不褪色。记录消耗 0.1 mol/L 氢氧化钠标准滴定溶液的体积的数值（V_1）。同一被测样品应测定两次。

② 空白试验：用水代替试样溶液，按（6）中①的步骤操作，记录消耗 0.1 mol/L 氢氧化钠标准滴定溶液的体积数值（V_2）。

（7）结果计算。

食品中总酸的含量以质量分数 X 计，数值以克每千克（g/kg）表示，按式（3）计算：

$$X = \frac{c \times (V_1 - V_2) \times K \times F}{m} \times 1000 \qquad (3)$$

式中　c——氢氧化钠标准滴定溶液的浓度（为准确数值，单位为摩尔每升（mol/L））；

　　　V_1——滴定试液时消耗氢氧化钠标准滴定溶液的体积，单位为毫升（mL）；

V_2——空白试验时消耗氢氧化钠标准滴定溶液的体积，单位为毫升（mL）；

K——酸的换算系数：苹果酸，0.067；乙酸：0.060；酒石酸：0.075；柠檬酸：0.064，柠檬酸：0.070（含一分子结晶水）；乳酸：0.090；盐酸：0.036；磷酸：0.049.

F——试液的稀释倍数；

m——试样质量，单位为克（g）。

计算结果表示到小数点后两位。

（8）允许差。

同一样品，两次测定结果之差，不得超过两次测定平均值的2%。

8.2.3.2　pH电位法

（1）原理。

根据酸碱中和原理，用碱液滴定试液中的酸，溶液的电位发生突跃时，即为滴定终点，按碱液的消耗量计算食品中的总酸含量。

（2）试剂和溶液。

① 试剂和分析用水：

所有试剂均使用分析纯试剂；

分析用水应符合GB/T6682规定的二级水规格或蒸馏水，使用前应经煮沸、冷却。

② pH8.0缓冲溶液：按GB/T604配制。

③ 0.1 mol/L盐酸标准滴定溶液：按GB/T601配制与标定。

④ 0.1 mol/L氢氧化钠标准滴定溶液：按GB/T601配制与标定。

⑤ 0.01 mol/L氢氧化钠标准滴定溶液：量取100 mL0.1 mol/L氢氧化钠标准滴定溶液稀释到1000 mL（用时当天稀释）。

⑥ 0.05 mol/L氢氧化钠标准滴定溶液：量取100 mL0.1 mol/L氢氧化钠标准滴定溶液稀释到200 mL（用时当天稀释）。

⑦ 0.05 mol/L盐酸标准滴定溶液：按GB/T601配制与标定。

（3）仪器和设备

酸度计：精度±0.1（pH值）；玻璃电极和饱和甘汞电极；电磁搅拌器；

组织捣碎机；水浴锅；研钵；冷凝管。

（4）试样的制备。

按 8.2.3.1 中（4）制备。

（5）试液的制备。

按 8.2.3.1 中（5）制备。

（6）分析步骤。

① 果蔬制品、饮料、乳制品、饮料酒、淀粉制品、谷物制品和调味品等试液：

称取 20.000 ~ 50.000 g 试液(5)，使之含 0.035 ~ 0.070 g 酸，置于 150 mL 烧杯中，加 40 ~ 60 mL 水。将酸度计电源接通，指针稳定后，用 pH8.0 的缓冲液校正酸度计。将盛有试液的烧杯放到电磁搅拌器上，浸入玻璃电极和甘汞电极。按下 pH 值读数开关，开动搅拌器，迅速用 0.1 mol/L 氢氧化钠标准滴定液（如样品酸度较低，可用 0.01 mol/L 或者 0.05 mol/L 氢氧化钠标准滴定溶液）滴定，随时观察溶液 pH 值的数值变化。接近滴定终点时，放慢滴定速度。一次滴加半滴（最多一滴），直至溶液的 pH 值达到终点。记录消耗氢氧化钠标准滴定溶液的体积数值（V_3）。

同一被测样品应测定两次。

② 蜂产品：

称取约 10 g 混匀的试样，精确至 0.001 g，置于 150 mL 烧杯中，加 80 mL 水，以下按 8.2.3.1（6）中①步骤操作。用 0.05 mol/L 氢氧化钠标准滴定液以 5 mL/min 的速度滴定。当 pH 值达到 8.5 时停止滴加。继续加入 10 mL 0.05 mol/L 氢氧化钠标准滴定液，记录消耗 0.05 mol/L 氢氧化钠标准滴定液的总体积（V_3）。立即用 0.05 mol/L 盐酸标准滴定溶液反滴定至 pH 值为 8.2，记录消耗 0.05 mol/L 盐酸标准滴定溶液的体积数值（V_5）。

同一被测样品应测定两次。

③ 空白试验：

按（6）中①和②的操作都应用水代替试液作空白试验，记录消耗氢氧化钠标准滴定溶液的体积数值（V_4）。

各种酸滴定终点的 pH 值：磷酸，8.7 ~ 8.8；其他酸，8.3±0.1。

（7）结果计算

① 按（6）中①操作步骤的结果计算：

食品中总酸的含量以质量分数 X_1 计，数值以克每千克（g/kg）表示，按式（4）计算：

$$X = \frac{[c_2 \times (V_3 - V_4)] \times K \times F_1}{m_1} \times 1000 \qquad (4)$$

式中　c_2——氢氧化钠标准滴定溶液的浓度（为准确数值，单位为摩尔每升（mol/L））；

　　　V_3——滴定试液时消耗氢氧化钠标准滴定溶液的体积，单位为毫升（mL）；

　　　V_4——空白试验时消耗氢氧化钠标准滴定溶液的体积，单位为毫升（mL）；

　　　K——酸的换算系数：苹果酸，0.067；乙酸：0.060；酒石酸：0.075；柠檬酸：0.064；柠檬酸：0.070（含一分子结晶水）；乳酸：0.090；盐酸：0.036；磷酸：0.049.

　　　F_1——试液的稀释倍数；

　　　m_1——试样质量，单位为克（g）。

计算结果表示到小数点后两位。

② 按（6）中②操作步骤的结果计算：

食品中总酸的含量以质量分数 X_1 计，数值以克每千克（g/kg）表示，按式（5）计算：

$$X = \frac{[c_2 \times (V_3 - V_4) - c_3 \times V_5] \times K \times F_2}{m_2} \times 1000 \qquad (5)$$

式中　c_2——氢氧化钠标准滴定溶液的浓度（为准确数值，单位为摩尔每升（mol/L））；

　　　c_3——盐酸标准滴定溶液的浓度（为准确数值，单位为摩尔每升（mol/L））；

　　　V_3——滴定试液时消耗氢氧化钠标准滴定溶液的体积，单位为毫升（mL）；

　　　V_4——空白试验时消耗氢氧化钠标准滴定溶液的体积，单位为毫升（mL）；

K——酸的换算系数：苹果酸，0.067；乙酸：0.060；酒石酸：0.075；
柠檬酸：0.064；柠檬酸：0.070（含一分子结晶水）；乳酸：0.090；
盐酸：0.036；磷酸：0.049.

F_2——试液的稀释倍数；

m_2——试样质量，单位为克（g）。

计算结果表示到小数点后两位。

（8）同一样品两次测定结果之差不得超过两次测定平均值的2%。

8.2.4 酸价的测定

参照 GB/T5009.44—2003（肉与肉制品卫生标准的分析方法）提取脂肪，参照 GB/T5009.37—2003（食用植物油卫生标准的分析方法）测定酸价。

GB/T5009.44—2003 中脂肪提取的方法：称取用绞肉机绞碎的 100 g 试样于 500 mL 具塞三角瓶中，加 100～200 mL 石油醚（30～60 ℃ 沸程）振荡 10 min 后，放置过夜，用快速滤纸过滤后，减压回收溶剂，得到油脂按 GB/T 5009.37—2003 中的方法进行测定。

GB/T5009.37—2003 中酸价的测定方法：

（1）原理。

植物油中的游离脂肪酸用氢氧化钾标准溶液滴定，每克植物油消耗氢氧化钾的毫克数，称为酸价。

（2）试剂。

① 乙醚-乙醇混合液：按乙醚-乙醇（2+1）混合。用氢氧化钾溶液（3 g/L）中和至酚酞指示液呈中性。

② 氢氧化钾标准滴定溶液 $\{c(\text{KOH}) = 0.050 \text{ mol/L}\}$。

③ 酚酞指示液：10 g/L 乙醇溶液。

（3）分析步骤。

称取 3.00～5.00 g 混匀的油脂试样，置于锥形瓶中，加入 50 mL 中性乙醚-乙醇混合液，振摇使油溶解，必要时可置热水中，温热促其溶解。冷至室温，加入酚酞指示液 2～3 滴，以氢氧化钾标准滴定溶液（0.050 mol/L）滴定，至初现微红色，且 0.5 min 内不褪色为终点。

（4）结果计算。

试样的酸价按下式进行计算。

$$X = \frac{V \times c \times 56.1}{m}$$

式中　*X*——试样的酸价（以氢氧化钾计），单位为毫克每克（mg/g）;

　　　V——试样消耗氢氧化钾标准滴定溶液的体积，单位为毫升（mL）;

　　　c——氢氧化钾标准滴定的实际浓度，单位为摩尔每升（mol/L）;

　　　m——试样质量，单位为克（g）;

　　　56.1——与 1.0 mL 氢氧化钾标准滴定溶液[*c*(KOH)=1.000 mol/L]相当的氢氧化钾毫克数。

计算结果保留两位有效数字。

（5）精密度。

在重复性条件下获得的两次独立测定结果的绝对差值不得超过算术平均值的 10%。

8.2.5　过氧化值的测定

按 GB/T 5009.44—2003（肉与肉制品卫生标准的分析方法）提取脂肪，按 GB/T 5009.37（食用植物油卫生标准的分析方法）测定过氧化值。

GB/T5009.44—2003 中脂肪提取的方法：称取用绞肉机绞碎的 100 g 试样于 500 mL 具塞三角瓶中，加 100～200 mL 石油醚（30～60 ℃沸程）振荡 10 min 后，放置过夜，用快速滤纸过滤后，减压回收溶剂，得到油脂，按 GB/T 5009.37—2003 中的方法进行测定。

GB/T 5009.37 中过氧化值的测定方法：

8.2.5.1　滴定法

（1）原理。

油脂氧化过程中产生过氧化物，与碘化钾作用，生成游离碘，以硫代硫酸钠溶液滴定，计算含量。

（2）试剂。

① 饱和碘化钾溶液：称取 14 g 碘化钾，加 10 ml 水溶解，必要时微热

使其溶解，冷却后贮于棕色瓶中。

②三氯甲烷-冰乙酸混合液：量取 40 mL 三氯甲烷，加 60 mL 冰乙酸，混匀。

③硫代硫酸钠标准滴定溶液[c(Na2S0,)=0.0020 mol/L]。

④淀粉指示剂（10 g/L）：称取可溶性淀粉 0.50 g，加少许水，调成糊状，倒入 50 mL 沸水中调匀，煮沸。临用时现配。

（3）分析步骤。

称取 2.00～3.00 g 混匀（必要时过滤）的试样，置于 250 mL 碘瓶中，加 30 mL 三氯甲烷-冰乙酸混合液，使试样完全溶解。加入 1.00 mL 饱和碘化钾溶液，紧密塞好瓶盖，并轻轻振摇 0.5 min，然后在暗处放置 3 min。取出加 100 mL 水，摇匀，立即用硫代硫酸钠标准滴定溶液（0.0020 mol/L）滴定，至淡黄色时，加 1 mL 淀粉指示液，继续滴定至蓝色消失为终点，取相同量三氯甲烷-冰乙酸溶液、碘化钾溶液、水，按同一方法，做试剂空白试验。

（4）计算结果。

试样的过氧化值按式（6）和式（7）进行计算。

$$X_1 = \frac{(V_1 - V_2) \times c \times 0.1269}{m} \times 100\% \qquad (6)$$

$$X_2 = X_1 \times 78.8 \qquad (7)$$

式中　X_1——试样的过氧化值，单位为克每百克（g/100 g）；

X_2——试样的过氧化值，单位为毫克当量每千克（meq/kg）；

V_1——试样消耗硫代硫酸钠标准滴定溶液的体积，单位为毫升（mL）；

V_2——试剂空白消耗硫代硫酸钠标准滴定溶液的体积，单位为毫升（mL）；

c——硫代硫酸钠标准滴定溶液的浓度，单位为摩尔每升（mot/L）；

m——试样质量，单位为克（g）；

0.1269——与 1.00 mL 硫代硫酸钠标准滴定溶液[c(Na$_2$S$_2$O$_3$)= 1.000 mol/L]
相当的碘的质量，单位为克（g）；

78.8——换算因子。

计算结果保留两位有效数字。

（5）精密度。

在重复性条件下获得的两次独立测定结果的绝对差值不得超过算术平均值的 10%。

8.2.5.2　比色法

（1）原理。

试样用三氯甲烷-甲醇混合溶剂溶解，试样中的过氧化物将二价铁离子氧化成三价铁离子，三价铁离子与硫氰酸盐反应生成橙红色硫氰酸铁配合物，在波长 500 nm 处测定吸光度，与标准系列比较定量。

（2）试剂。

① 盐酸溶液（10 mol/L）：准确量取 83.3 mL 浓盐酸，加水稀释至 100 mL，混匀。

② 过氧化氢（30%）。

③ 三氯甲烷+甲醇（7+3）混合溶剂：量取 70 mL 三氯甲烷和 30 mL 甲醇混合。

④ 氯化亚铁溶液（3.5 g/L）：准确称取 0.35 g 氯化亚铁（$FeCl_2 \cdot 4H_2O$）于 100 mL 棕色容量瓶中，加水溶解后，加 2 mL 盐酸溶液（10 mol/L），用水稀释至刻度（该溶液在 10 ℃ 下冰箱内贮存可稳定 1 年以上）。

⑤ 硫氰酸钾溶液（300 g/L）：称取 30 g 硫氰酸钾，加水溶解至 100 mL（该溶液在 10 ℃ 下冰箱内贮存可稳定 1 年以上）。

⑥ 铁标准储备溶液（1.0 g/L）：称取 0.1000 g 还原铁粉于 100 mL 烧杯中，加 10 mL 盐酸（10 mol/L），0.5 mL 过氧化氢（30%）溶解后，于电炉上煮沸 5 min 以除去过量的过氧化氢冷却至室温后移入 100 mL 容量瓶中，用水稀释至刻度，混匀，此溶液每毫升相当于 1.0 mg 铁。

⑦ 铁标准使用溶液（0.01 g/L）：用移液管吸取 1.0 mL 铁标准储备溶液（1.0 mg/mL）于 100 mL 容量瓶中，加三氯甲烷+甲醇（7+3）混合溶剂稀释至刻度，混匀，此溶液每毫升相当于 10.0 mg 铁。

（3）仪器。

分光光度计，10 mL 具塞玻璃比色管。

（4）分析步骤。

① 试样溶液的制备：精密称取 0.01～1.0 g 试样（准确至刻度 0.0001 g）于 10 mL 容量瓶内，加三氯甲烷+甲醇（7+3）混合溶剂溶解并稀释至刻度，混匀分别精密吸取铁标准使用溶液（10.0 ug/mL）0、0.2、0.5、1.0、2.0、3.0、4.0 mL（各自相当于铁浓度 2.0、5.0、10.0、20.0、30.0、40.0 ug）于干燥的 10 mL 比色管中，用三氯甲烷+甲醇（7+3）混合溶剂稀释至刻度，混匀。加 1 滴（约 0.05 mL）硫氰酸钾溶液（300 g/L），混匀。室温（100～350 ℃）下准确放置 5 min 后，移入 1 cm 比色皿中，以三氯甲烷+甲醇（7+3）混合溶剂为参比，于波长 500 nm 处测定吸光度，以标准各点吸光度减去零管吸光度后绘制标准曲线或计算直线回归方程。

② 试样测定：精密吸取 1.0 mL 试样溶液于干燥的 10 mL 比色管内，加 1 滴（约 0.05 mL）氯化亚铁（3.5 g/L）溶液，用三氯甲烷+甲醇（7+3）混合溶剂稀释至刻度，混匀。以下按①自"加 1 滴（约 0.05 mL）硫氰酸钾溶液（300 g/L）……"起依次操作试样吸光度减去零管吸光度后与曲线比较或代入回归方程求得含量。

（5）结果计算。

试样的过氧化值按下式进行计算。

$$X = \frac{c - c_0}{m \times \frac{V_2}{V_1} \times 55.84 \times 2}$$

式中　X——试样的过氧化值，单位为毫克当量每千克（meq/kg）；

c——由标准曲线上查得试样中铁的质量，单位为微克（ug）；

c_0——由标准曲线上查得零管铁的质量，单位为微克（ug）；

V_1——试样稀释总体积，单位为毫升（mL）；

V_2——测定时取样体积，单位为毫升（mL）；

m——试样质量，单位为克（g）；

55.84——Fe 的原子量；

2——换算因子。

（6）精密度。

在重复性条件下获得的两次独立测定结果的绝对差值不得超过算术平均值的 10%。

8.3　广式腊肉加工操作要点

（1）原料。

精选肥瘦层次分明的去骨五花肉或其他部位的肉，一般肥瘦比例为5:5或4:6，切成长方体形肉条，肉条长33~38 cm，宽2~3 cm，厚1.3~1.8 cm，重0.15~0.20 kg。在肉条一端用尖刀穿一小孔，系绳吊挂。

（2）腌制。

一般采用干腌法和湿腌法腌制。按表8.1配方用10%清水溶解配料，倒入容器中，然后放入肉条，搅拌均匀，每隔30 min搅拌翻动1次，于4 ℃下腌制24 h，使肉条充分吸收配料，取出肉条，滤干水分。

表 8.1

名称	鲜肉	精盐	白砂糖	曲酒	酱油	亚硝酸钠	其他
用量	100	3.5	4	2.0	3	0.01	0.2

（3）烘烤。

"三分制作，七分烘烤"。将腌好的肉块去掉血污与杂质，进行烘烤或熏制。初始温度45~55 ℃，烘烤4~5 h，逐渐升温，最高温度不超70 ℃，避免烤焦流油。烘烤1~3 d，肉皮干硬，瘦肉呈鲜红色，肥肉透明或呈乳白色即可。

（4）包装、保藏。

自然冷却后的肉条即为成品。采用真空包装，可在20 ℃下保存3~6个月。

8.4　小结

（1）相对过氧化值而言，市售广式腊肉酸价更易超过国家标准，在中国南方这种高温高湿的环境下，广式腊肉酸价在30 d的贮藏期内就大部分已超过国家标准。然而酸价指标与感官判定的氧化变质没有明显的相关性。市售广式腊肉的食盐含量、总糖含量与酸价呈现正相关性，而与过氧化值没有相关性。高浓度的食盐含量和总糖含量使得酸价升高，过氧化值却下降，表明选择合适的食盐和蔗糖浓度能降低广式腊肉加工及储藏过程中的酸价和过氧化值。总酸含量与 TBA 值呈显著相关性，表明广式腊肉中酸败程度和脂肪氧化程度相一致。POV 值与 TBA 值呈显著正相关，这与有些文献资料报道 POV 值、TBA 值与贮藏时间相关性差的结论有差别，造成这种差别的原因还需做进一步的研究。

（2）广式腊肉的含水率、总糖含量、总酸含量、酸价、过氧化值、TBA 值等理化指标在热泵和热风两种烘烤过程中的变化趋势不同。热泵烘烤过程中广式腊肉的含水率下降得较热风制品快，酸价和 TBA 值高于热风制品，总酸含量、POV 值、羰基值低于热风制品，总糖含量两者相近。

（3）实验中检测出广式腊肉的挥发性风味主要是一些醇类、醛类、烃类、酯类、酮类，而含氧、含氮、含硫等的杂环化合物则较少。热泵烘烤广式腊肉过程中共鉴定出 70 种风味成分，包括醇类（12 种）、酯类（13 种）、烷烃（31 种）、醛类（8 种）、酮类（3 种）、醚类（1 种）、含氮类（1 种）和酸类（1 种）。热风干燥广式腊肉中共鉴定出 53 种风味成分，包括醇类（9 种）、酯类（10 种）、烷烃（25 种）、醛类（4 种）、酮类（3 种）、醚类（1 种）和酸类（1 种）。在烘烤终点，热泵制品的挥发性化合物相对总含量（74.46%）远高于热风制品（56.99%），热泵制品挥发性化合物种类（57 种）也远高于热风制品（32 种）。

研究发现，1-辛烯-3-醇、对二甲苯、邻二甲苯、庚醛、己醛、2-庚烯醛、2,4 癸二烯醛、3-羟基丁酸乙酯和邻苯二甲酸二异丁酯是热泵烘烤的成熟腊肉有别于热风制品的特征性香味物质。

（4）热泵和热风烘烤广式腊肉过程中，产生的游离脂肪酸主要为油酸、硬脂酸、棕榈酸和亚油酸。在整个热泵烘烤过程中，饱和脂肪酸呈升高趋势，不饱和脂肪酸呈下降趋势；在整个热风烘烤过程中，游离脂肪酸相对总含量有一定程度的波动变化，烘烤中期达到最大值，之后逐渐减少，整体来看略有下降。

从实验结果得知，热泵烘烤腊肉的大部分氨基酸含量高于热风烘烤腊肉，热泵烘烤腊肉的滋味较为丰富；谷氨酸（Glu）、丙氨酸（Ala）、亮氨酸（Leu）、甘氨酸（Gly）、赖氨酸（Lys）、缬氨酸（Val）是热泵、热风烘烤的广式腊肉中含量较高的游离氨基酸，对广式腊肉滋味贡献较大，可认为是广式腊肉的特征性滋味物质。这 6 种氨基酸在热泵烘烤的成品腊肉中含有 225.98 mg/100 g，在热风烘烤的成品腊肉中含有 218.11 mg/100 g。

（5）随着热泵干燥温度或风速的提高，广式腊肉干燥速度加快，表明提高温度或风速可以提高广式腊肉的干燥能力，减少干燥时间。在干燥初期，干燥速率不断地增大，随着干燥过程的进行，干燥速率增加到某一数值后，则开始减少至平衡，直到干燥过程结束。通过对 11 种薄层干燥数学模型的比较，Two term 模型 $MR = a\exp(-k_0 t) + b\exp(-k_1 t)$ 在干燥温度和风速分别为 50～60 ℃，0.4～1.0 m/s 范围内能较好地反映广式腊肉在热泵干燥过程中水分比随时间的变化规律。

附录 A　缩略词表

表 A　文中所用缩写及中英文含义

缩略词	英文全称	中文全称
HS	Head-Space	顶空
SPME	Solid Phase Microextraction	固相微萃取
GC-MS	Gas Chromatography-Mass Spectrometry	气相色谱-质谱
AV	Acidity value	酸价
TBA	Triobarbituric acid	硫代巴比妥酸
POV	Peroxide value	过氧化值
FFA	Free fatty acids	游离脂肪酸
FAA	Free amino acids	游离氨基酸
HPD	Heat pump drying	热泵干燥
HAD	Hot-air drying	热风干燥

附录 B　广式腊肉烘烤过程中挥发性物质总离子图

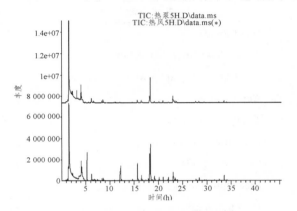

图 B.1　烘烤 5 h 时的挥发性物质总离子图

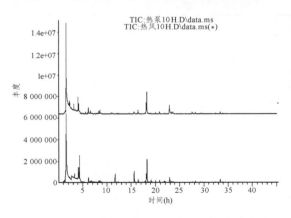

图 B.2　烘烤 10 h 时的挥发性物总离子图

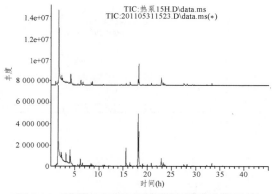

图 B.3　烘烤 15 h 时的挥发性物质总离子图

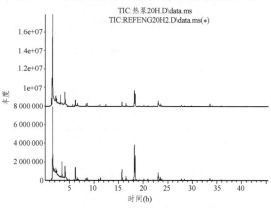

图 B.4　烘烤 20 h 时的挥发性物质总离子图

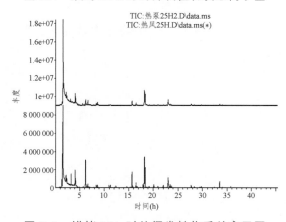

图 B.5　烘烤 25 h 时的挥发性物质总离子图

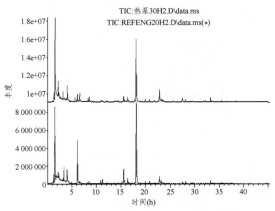

图 B.6 　烘烤 30 h 时的挥发性物质总离子图

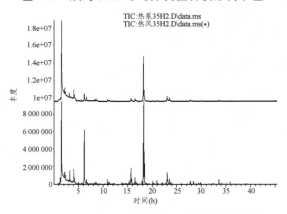

图 B.7 　烘烤 35 h 时的挥发性物质总离子图

附录 C 广式腊肉烘烤过程中游离脂肪酸相对含量总离子图

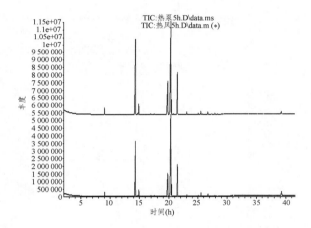

图 C.1 烘烤 5 h 时的游离脂肪酸总离子图

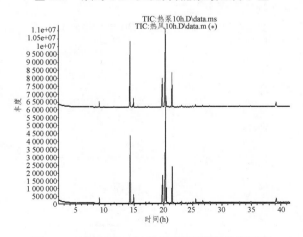

图 C.2 烘烤 10 h 时的游离脂肪酸总离子图

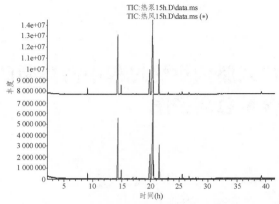

图 C.3　烘烤 15 h 时的游离脂肪酸总离子图

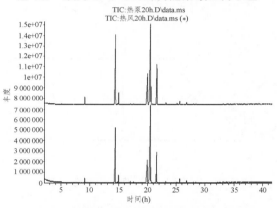

图 C.4　烘烤 20 h 时的游离脂肪酸总离子图

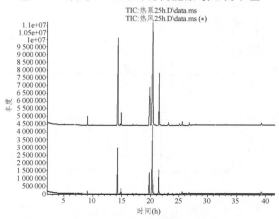

图 C.5　烘烤 25 h 时的游离脂肪酸总离子图

附录 C　广式腊肉烘烤过程中游离脂肪酸相对含量总离子图

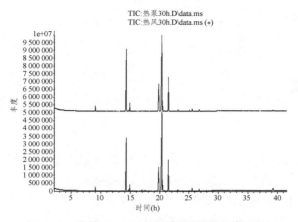

图 C.6　烘烤 30 h 时的游离脂肪酸总离子图

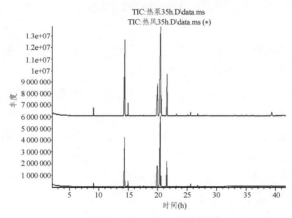

图 C.7　烘烤 35h 时的游离脂肪酸总离子图

参考文献

[1] 白卫东，蔡培钿，赵文红，等. 广式腊味贮存过程中酸价和过氧化值的变化[J]. 食品与机械，2010（1）：49-51.

[2] 白卫东，陈琳琳，钱敏，等. 广式腊味在贮存过程中发生的变化[J]. 现代食品科技，2009（7）：717-721.

[3] 蔡华珍. 影响干腌火腿脂类变化的因素探讨[J]. 肉类工业，2006（8）：26-29.

[4] 蔡正云，何建国，周翔. 热泵技术在食品工业中的应用及研究开发[J]. 食品研究与开发，2007（5）：157-161.

[5] 曹锦轩，徐幸莲，周光宏. 酸价标准在腊肠品质判定中的应用现状[J]. 江西农业学报，2006（6）：148-150.

[6] 曾令彬，赵思明，熊善柏，等. 风干白鲢的热风干燥模型及内部水分扩散特性[J]. 农业工程学报，2008（7）：280-283.

[7] 丁玉庭，胡逸茗，吕飞，等. 丁香鱼薄层干燥数学模型研究[J]. 食品工业科技，2011（6）：86-89.

[8] 董全，黄艾祥. 食品干燥加工技术[M]. 北京：化学工业出版社，2005.

[9] 段振华，冯爱国，向东，等. 罗非鱼片的热风干燥模型及能耗研究[J]. 食品科学，2007（7）：201-205.

[10] 段振华，汪菊兰. 微波干燥技术在食品工业中的应用研究[J]. 食品研究与开发，2007（1）：155-158.

[11] 段振华，张慜，汤坚. 鳙鱼的热风干燥规律研究[J]. 水产科学，2004（3）：29-32.

[12] 冯彩平，任发政，陈尚武，等. 活性氧催促低盐腊肉成熟的初步研究[J]. 中国食品学报，2007（3）：116-121.

[13] 傅樱花. 腊肉制品风味形成的探讨[J]. 食品工业科技，2004（3）：

143-144.

[14] 傅樱花，马长伟. 腊肉加工过程中脂质分解及氧化的研究[J]. 食品科技，2004（1）：42-44.

[15] 傅樱花，马长伟，彭建华，等. 腊肉加工过程中游离脂肪酸的变化研究[J]. 食品科技，2006（1）：56-59.

[16] 高晓敏. 龙眼干燥工艺研究及热泵干燥过程热力学分析[D]. 中南林业科技大学，2016.

[17] 高尧来，朱晶莹. 美拉德反应与肉的风味[J]. 广州食品工业科技，2004（1）：91-94.

[18] 郭红蕾，黄德智，薛元力. 中国肉制品加工的历史沿革[J]. 肉类研究，2005（6）：19-24.

[19] 郭善广，白福玉，蒋爱民，等. 广式腊肠主要配料及烘烤工艺对酸价的影响[J]. 食品工业科技，2009（6）：79-82.

[20] 郭锡铎. 我对腌腊肉制品卫生标准的异议[J]. 肉类工业，2005（10）：37-41.

[21] 郭昕，张春江，胡宏海，等. 不同类型腊肉挥发性风味成分的比较研究[J]. 现代食品科技，2014，30（12）：247-254.

[22] 何学连，过世东. 白对虾真空干燥的研究[J]. 食品与发酵工业，2008（6）：89-94.

[23] 胡光华，张进疆. 罗非鱼热泵梯度变温干燥试验研究[J]. 现代农业装备，2004（5）：35-37.

[24] 姜照，杜金华，孙文涛，等. 发酵温度对发酵玉米醪中总酸及主要微生物的影响[J]. 食品与发酵工业，2011（6）：87-91.

[25] 蒋爱民. 肉制品工艺学[M]. 西安：陕西科学技术出版社，1996104-107.

[26] 李春荣，徐勇，梁丽敏，等. TBHQ在广式腊肉中的应用研究[J]. 食品工业科技，2007（7）：168-169.

[27] 李大婧，卓成龙，刘霞，等. 不同干燥方法对黑毛豆仁挥发性风味成分和结构的影响[J]. 江苏农业学报，2011（5）：1104-1110.

[28] 李平兰，沈清武，孙成虎，等. 微生物酶与肉组织酶对干发酵香肠中游离氨基酸的影响[J]. 食品与发酵工业，2005（5）：134-138.

[29] 李媛媛，夏吉庆. 油豆角热泵干燥工艺参数的单因素试验研究[J]. 东

北农业大学学报，2008（5）：116-118.

[30] 李远志，胡晓静，叶盛英，等. 胡萝卜热泵干燥特性及数学模型的研究[J]. 食品与发酵工业，1999（6）：3-6.

[31] 梁丽敏，徐勇，王三永，等. 不同包装材料对广式腊肉储藏保鲜效果的研究[J]. 食品工业科技，2007（6）：176-177.

[32] 刘坤，鲁周民，包蓉，等. 红枣薄层干燥数学模型研究[J]. 食品科学，2011（15）：80-83.

[33] 刘兰，关志强，李敏. 罗非鱼片热泵干燥时间及品质影响因素的初步研究[J]. 食品科学，2008（9）：307-310.

[34] 刘士健. 腊肉加工过程中主体风味物质变化研究[D]. 西南大学，2005.

[35] 刘晓艳，白卫东，庄晓琪. 加工过程中广式腊肠脂肪降解对风味的影响[J]. 中国调味品，2009（8）：60-63.

[36] 刘洋，崔建云，任发政，等. 低盐腊肉在加工过程中的菌相变化初探[J]. 食品工业科技，2005（8）：49-50.

[37] 刘永强. 氧化变质程度指标的商榷[J]. 肉类工业，2005（11）：38-40.

[38] 刘中深，于辅超，王良，等. 玉米低温真空干燥薄层模型[J]. 广西轻工业，2007（8）：9-10.

[39] 娄永江. 龙头鱼热风干燥的数学模型及优化参数组合[J]. 食品科技，2000（1）：30-31.

[40] 吕金虎，赵春芳，李金成. 热泵干燥技术在农副产品加工中的应用与分析[J]. 农机化研究，2010（1）：212-217.

[41] 马一太，曾宪阳，牛莹. 热泵干燥种子的实验研究[J]. 中国农机化，2004（6）：47-49.

[42] 母刚，张国琛，邵亮. 热泵干燥海参的初步研究[J]. 渔业现代化，2007（5）：47-50.

[43] 欧春艳，杨磊，李思东，等. 甲壳素红外干燥特性及动力学模型研究[J]. 农业工程学报，2008（4）：287-289.

[44] 欧春艳，杨磊，李思东，等. 壳聚糖红外干燥特性及动力学模型研究[J]. 农业工程学报，2007（9）：91-94.

[45] 裴振东，许喜林. 油脂的酸败与预防[J]. 粮油加工与食品机械，2004（6）：47-49.

[46] 彭雪萍，马庆一，王花俊，等. 苹果多酚对腊肉的抗氧化性能研究[J]. 肉类研究，2007（12）：18-19.

[47] 乔发东. 干腌火腿皮下脂肪的特性与食用品质的关系[J]. 食品与发酵工业，2006（1）：134-137.

[48] 芮昕，詹鹤，马长伟. 腊肉生产过程中皮下脂肪游离脂肪酸变化的研究[J]. 食品科技，2009（1）.

[49] 沈晓玲，李诚. 肉类物质与肉的风味[J]. 肉类研究，2008（3）：25-28.

[50] 石启龙，薛长湖，赵亚，等. 热泵变温干燥对竹荚鱼干燥特性及色泽的影响[J]. 农业机械学报，2008（4）：83-86.

[51] 石启龙，赵亚，李兆杰，等. 竹荚鱼热泵干燥数学模型研究[J]. 农业机械学报，2009（5）：110-114.

[52] 宋焕禄. 金华火腿关键香味化合物的鉴定及其形成途径初探[J]. 中国食品学报，2006（1）：48-52.

[53] 孙为正. 广式腊肠加工过程中脂质水解、蛋白质降解及风味成分变化研究[D]. 华南理工大学，2011.

[54] 孙为正，崔春，赵谋明，等. 广式腊肠贮存过程中酸价影响因素研究[J]. 食品科技，2007（12）：198-201.

[55] 索申敬. 热泵技术在食品干燥中的应用[J]. 广西节能，2009（3）：27-28.

[56] 唐琳，张春英. 肉类的风味及其形成机制[J]. 山东师大学报（自然科学版），1996（2）：74-78.

[57] 王艳梅，马俪珍. 发酵香肠成熟过程中的生化变化[J]. 肉类研究，2004（2）：46-48.

[58] 吴耀森，陈永春，龚丽. 低盐鱿鱼干的热泵干燥工艺研究[J]. 干燥技术与设备，2009（1）：29-32.

[59] 向智男，宁正祥. 肉品风味的形成与美拉德反应[J]. 广州食品工业科技，2004（2）：143-146.

[60] 肖旭霖. 洋葱真空远红外薄层干燥模型[J]. 食品科学，2002（5）：40-43.

[61] 徐刚，张森旺，顾震，等. 脱水蔬菜2种干燥工艺的试验研究[J]. 安徽农业科学，2007（11）：3360-3361.

[62] 周光弘. 畜产品加工学[M]. 中国农业出版社，2002.

[63] AKPINAR E K. Determination of suitable thin layer drying curve model

for some vegetables and fruits[J]. Journal of Food Engineering, 2006, 73(1): 75-84.

[64] ALFORD J A, SMITH J L, LILLY H D. Relationship of microbial activity to changes in lipids of foods[J]. Journal of Applied Microbiology, 1971, 34(1): 133-146.

[65] ANDRES A I, CAVA R, MARTIN D, et al. Lipolysis in dry-cured ham: Influence of salt content and processing conditions[J]. Food Chemistry, 2005, 90(4): 523-533.

[66] ANDRES A I, CAVA R, MARTIN D, et al. Lipolysis in dry-cured ham:Influence of salt content and processing conditions[J]. Food Chemistry, 2005, 90(4): 523-533.

[67] ANSORENA D. Simultaneous addition of Palatase M and Protease P to a dry fermented sausage(Chorizo de Pamplona)elaboration:Effect over peptidic and Lipid fractions[Z]. ZAPELENA M. 1998: 50, 37-44.

[68] ARTNASEAW A, THEERAKULPISUT S, BENJAPIYAPORN C. Drying characteristics of Shiitake mushroom and Jinda chili during vacuum heat pump drying[J]. Food and Bioproducts Processing, 2010, 88(2-3): 105-114.

[69] AYENSU A. Dehydration of food crops using a solar dryer with convective heat flow[J]. Solar Energy, 1997, 59(4-6): 121-126.